送给至今依旧不够热爱月季的罗茜（Rosie）。

DK 月季玫瑰百科

〔英〕迈克尔·马里奥特 著

潘祺 译

北京科学技术出版社

Original Title: RHS Roses: An Inspirational Guide to Choosing and Growing the Best Roses
Text copyright © Michael Marriott, 2022
Copyright © Dorling Kindersley Limited, 2022
A Penguin Random House Company

著作权合同登记号　图字：01-2023-0138

图书在版编目（CIP）数据

DK 月季玫瑰百科 /（英）迈克尔·马里奥特著；潘
祺译 . -- 北京：北京科学技术出版社，2024.9
　书名原文：RHS Roses
　ISBN 978-7-5714-3925-5

　Ⅰ . ①D… Ⅱ . ①迈… ②潘… Ⅲ . ①月季—普及读物
②玫瑰花—普及读物 Ⅳ . ① S685.12-49

中国国家版本馆 CIP 数据核字（2024）第 098373 号

策划编辑：陈　伟		电　　话：0086-10-66135495（总编室）		
责任编辑：陈　伟		0086-10-66113227（发行部）		
封面设计：芒　果		网　　址：www.bkydw.cn		
版式设计：芒　果		印　　刷：惠州市金宣发智能包装科技有限公司		
责任校对：贾　荣		开　　本：930 mm × 1050 mm　1/16		
责任印制：李　茗		字　　数：270 千字		
出 版 人：曾庆宇		印　　张：16		
出版发行：北京科学技术出版社		版　　次：2024 年 9 月第 1 版		
社　　址：北京西直门南大街 16 号		印　　次：2024 年 9 月第 1 次印刷		
邮政编码：100035				
ISBN 978-7-5714-3925-5				

定价：188.00 元

www.dk.com

目　录

月季玫瑰品种图鉴 /87

月季玫瑰的养护 /221

前　言

蔷薇的历史

千百年来，多少人为集美丽、芳香甚至药用价值于一身的蔷薇而倾倒，它们更是爱情的象征，寄托着人类和精神世界的情感。

从中国江苏出土的可追溯到公元前5000年的陶器碎片上的5瓣月季的图案，到公元前2500年的埃及壁画和象形文字，以及在古希腊和古罗马的著作中，都可以见到蔷薇属①植物的身影。出生于约公元前371年的古希腊科学家、哲学家泰奥弗拉斯特（Theophrastus）描述了野生的狗蔷薇②，以及有着12枚、20枚甚至超过100枚花瓣的品种。凡此种种，让我们逐渐意识到蔷薇属植物可以通过芽变和不同种间杂交的方式产生新品种，这正是最早的古老蔷薇从野外引入花园后带来的结果。

亚洲的蔷薇

孔子（公元前551年—前479年）曾记述了在燕都（今北京）的宫廷花园中种植蔷薇的故事。汉代（公元前206年—220年）时，野生蔷薇已作为观赏植物在宫墙边广泛种植。到了唐代（公元618年—907年），当时的中国先民被公认为蔷薇种植专家；随后，宋代（公元960年—1279年）就出现了规模化的月季品种选育，并于明朝（公元1368年—1644年）达到巅峰。王象晋在其著于1621年的《群芳谱》中记载了当时中国栽培的100余种月季③。

尽管"中国月季"的类群早已确立，然而，西方园艺家在将这些蔷薇属植物带回欧洲市场时，却遗失了每个中国月季品种应有的原始名称。因此，木香被命名为Rosa banksiae，而月季花（中国月季）则被称为Rosa chinensis。

17世纪，莫卧儿帝国的沙贾汗（Shāh Jahān）皇帝以红色蔷薇作为皇室象征，为其妃蒙泰姬建造的泰吉·玛哈尔陵（泰姬陵）的墙壁

①蔷薇属，英文泛称rose，是一大类有高观赏价值的植物，包含月季、玫瑰、蔷薇等种类，彼此间有非常紧密和复杂的亲缘关系。故如无约定俗成的植物学含义（如物种、品种名称等）或特殊说明，本书中提及的月季、玫瑰、蔷薇均为蔷薇属植物的泛称。——译者注（如无特殊说明，全书边注均为译者注。）

②即犬蔷薇（Rosa canina），详见第136页。

③关于中国古老月季记载的起源存在争议。直至明清时期，国内栽培的蔷薇属植物多为野生蔷薇及月月粉、月月红类群；在此之后，月月粉、月月红及香水月季逐渐受到重视，成为现代月季的鼻祖。而真正意义上记载数百品种的月季专著，出自晚清时期的《月季花谱》，其中甚至记录了部分外来品种，表明当时海上贸易将部分欧洲培育的古老月季品种（见第180—181页的**湖中月**，第175页的**藤本春水绿波**）引入中国。

《波斯王子胡马与中国公
主胡马雍在花园相会》

画如其名，这幅创作于15
世纪的波斯细密画描绘了在蔷
薇花园中一见钟情的故事。

上有许多蔷薇图案。蔷薇被冠以美丽的象征：据说印度教主神毗湿奴（Viṣṇu）用108枚大的和1008枚小的蔷薇花瓣创造了他的新娘拉克希米（Lakshmī）。在印度南部，蔷薇是毗奢耶那伽罗王朝（公元1336年—1646年）的贵族和平民的文化核心。古波斯外交官阿卜杜勒·拉扎克（Abdur Razzak）在1443年访问印度时写道："这里到处都在卖蔷薇花。这些人离开蔷薇似乎就无法生活了，他们把蔷薇看成和食物一样的必需品。"

在印度尼西亚爪哇岛，一种形似**高级深红月月红**（'Cramoisi Supérieur'）的月季品种和另一种不知名的胭脂红色月季被广泛种植。人们将这些花朵点缀在他们逝去亲人的坟墓旁。此外，这些花朵还被作为婚礼等重要场合和庆祝活动的装饰。

《长春花蛱蝶图》

这幅画属于中国画派的艺术作品，被认为创作于18世纪。

欧洲的蔷薇

古希腊人和古罗马人在烹饪和化妆品中使用古老蔷薇，表明他们在那时已有相当大的种植规模。此外，蔷薇也在观赏花园中发挥了重要作用。小普林尼（Pliny the Younger）①在一封信中描述了一个花园，他写道："游客一进门，映入眼帘的就是蔷薇花园，各种蔷薇的香气萦绕在每个人身边。"他们热衷于将蔷薇花朵用于各种节日、庆典和宴会。古老蔷薇也与女神维纳斯（象征美与性）相关。在克娄巴特拉（Cleopatra）②与马克·安东尼（Mark Antonius）③的第一次会面中，一层约半米深的蔷薇花铺满了地板，还有些蔷薇花被编成花束挂在天花板上。还有一个听上去不可思议的传说：在公元3世纪古罗马皇帝黑利阿迦巴鲁斯（Heliogabalus）举办的一次宴会上，无数蔷薇花朵突如其来地从天花板上落下，宴会上的一些宾客甚至被淹没在花海中窒息而死。

随着时间的推移，蔷薇从异教徒的象征——在古希腊人和古罗马人眼中代表着骄奢淫逸，逐渐转变为基督教等宗教的核心之花，它成了圣母马利亚的象征。公元5世纪时的诗人塞杜里乌斯（Sedulius）将其描述为"荆棘中的玫瑰"。也许当时的蔷薇在基督教中的重要性，最明显的标志当属许多教堂华丽的玫瑰花窗。这些花窗通常被认为是献给圣母马利亚的，而她坐于正中央。在伦敦的威斯敏斯特教堂，地板上的铭文写道（原文为拉丁文）："玫瑰，群芳之王；这里，厅堂之上。"

寓言长诗《玫瑰传奇》（*Roman de la Rose*）讲述了一个情人追寻他所爱之人（即标题中的"玫瑰"）的故事。这表明在13世纪，玫瑰已经代表了人类（以及精神世界）的爱。故事描绘了一个梦境，一个情人正在探寻，想要摘下一朵玫瑰，这时，他在万花丛中看到了一朵玫瑰，其样貌倒映在围墙花园中心的爱之泉中。这篇长诗成为欧洲中世纪最具影响力和争议性的作品之一。

蔷薇的应用价值也有史可载。位于伯罗奔尼撒半岛西南部的皮洛斯，人们在当时法兰克人城堡的香水作坊遗迹中发现了来自13世纪末的经营记录，其中记载了包括蔷薇在内的香料及精油贸易。这需要大量的花朵，以及复杂的设备来生产精油，体现了当时蔷薇香水的价值之高。

①小普林尼，全名为盖尤斯·普林尼·采西利尤斯·塞孔都柏（Gaius Plinius Caecilius Secundus，约公元61年—约113年），古罗马时期的律师、作家、地方执政官。

②克娄巴特拉，即克娄巴特拉七世（Cleopatra Ⅶ Philopator，公元前69年—前30年），埃及托勒密王朝的最后一位女王。为保护国家免受罗马帝国吞并，她曾色诱恺撒大帝及其手下马克·安东尼，因此有"埃及艳后"之称。

③马克·安东尼（Marcus Antonius，公元前82年—前30年），古罗马时期的著名政治家和军事家。

芳香魔力

相信大多数人看到月季的第一反应是凑近闻香，甚至是年幼的孩子也会被月季的芳香所吸引。芳香四溢的月季有一种奇特的能力，不仅能让人平静下来，更能让人感到神清气爽。

一般来说，如果经过一段时间的温暖天气后遇上一场小雨，那么月季在这样温和、湿润的环境中花香最为浓郁。此外，香味往往也会随花朵开放的阶段变化，所以不能仅仅根据一朵花来判断一个品种的香味。如果花朵初开，或接近凋谢，就不可能散发出真正的香味。如果你定期去闻一闻每个月季品种，就会发现散发的香味往往会在每小时、每一天、每一季，甚至每一年都有巨大的变化。

一朵花开到最完美的状态时，其香味往往最浓郁，但你也不妨品闻两三朵处于不同开放阶段的花朵的香味，发现彼此间的细微差异，以找到恰到好处的香调。切不可匆匆忙忙，走马观花般闻香；而应当闻之又闻，反复品味，试图尽可能多地"收集"香味。如果你不能清楚分辨花朵的香味，那也没关系，尽情享受芳香便足矣。

月季之所以如此受欢迎，香味是至关重要的一环，也许是因为人们在法国蔷薇（*Rosa gallica*）和其他古老蔷薇中发现了浓烈且妙不可言的香味。月季主要有五类不同的香型，且每一类都源于不同的月季类群。除洋兰之外，没有任何一类植物可以有如此种类繁多，且完全不同的香型。

老玫瑰香

这是典型的玫瑰花香，但这种香型在不同的古典蔷薇（见第68—71页）品系之间稍有差别：法国蔷薇（gallicas）的香味更加浓郁、厚重，而白蔷薇（albas）的香味则略显淡雅、甜美。当某些品种的亲缘关系更接近现代月季（即有中国月季的亲缘渗入）时，如波旁月季（bourbons，见第73页）和英国月季（English roses，见第82

页），香味组成中开始出现果香元素。

没药香

没药香并非来自《圣经》中提及的没药（Myrrh），而是源于一种伞形科的香草——茉莉芹（*Myrrhis odorata*，也称香没药）散发的浓郁茴芹籽气味。这种香味最初发现于古老的蔓性蔷薇品种——**锦绣艾尔郡蔷薇**（'Splendens'），而该品种是田野蔷薇（*Rosa arvensis*，又称艾尔郡蔷薇）的后代，以锦绣艾尔郡蔷薇为亲本，产生了淡粉色的法国蔷薇品种**美女伊西斯**（'Belle Isis'），而后者成为英国玫瑰育种家大卫·奥斯汀（David Austin）在育种计划中使用的原始亲本之一，特别是作为他培育的第一个品种——具有浓烈没药香味的**康斯坦·斯普赖**（'Constance Spry'）的亲本。从此，这种香味便融入了众多的英国月季品种中。尽管很多人并不喜欢它，而且在某些品种中这种非同寻常的气味实在是太浓烈了。但没药香也可以是美妙的，尤其当它与其他的香型交织在一起时。

《玫瑰》

出自阿尔贝特-蒂布尔·弗西·德·拉瓦尔（Albert-Tibule Furcy de Lavault，公元1847年—1915年）的作品，他以绘制花园中的切花静物画而闻名。

"香味可以说占了月季一半的美。"

——《大卫·奥斯汀的英国玫瑰》，大卫·奥斯汀著

（David Austin, *The English Roses*）

茶香

这种香味得名于它如同新鲜的茶叶一样，源自中国和远东其他地区，最初是由生长旺盛的野生藤本蔷薇，如大花香水月季（巨花蔷薇，*Rosa gigantea*）与重复开花的灌丛型野生种月季花培育而成。在多数现代月季品种，特别是一些杂交麝香蔷薇（hybrid musks）品种和英国月季中能感受到这种香味，但品种之间的差异很大 —— 从清新的紫罗兰香味，到生涩的甚至可以说如同柏油的气味。当然，当这种香味处于最佳状态时，是一种绝佳的清香。

果香

这种香味涵盖了大多数常见水果的气味，从苹果、草莓、覆盆子、西洋李，到各种类型的柑橘，再到诸如芒果、番石榴、荔枝等热带水果。这些香味大多来源于两个亲本 —— 月季花和光叶蔷薇（*Rosa wichurana*），并常与其他香味相结合，特别是老玫瑰香，产生了一些真正美妙的、诱人的香味。许多英国月季品种都有果香味。

麝香

上述所有的香味都源于花瓣，而麝香则来自雄蕊。这种香味在蔓性月季（ramblers）中相当常见 —— 这类品种往往有着大量单瓣或半重瓣的小花朵，在花朵中间可见一大束雄蕊群，而雄蕊具有一种奇妙的扩散香味的能力。这种香味会使人联想到广泛用于香水的麝香香调。凑近闻，你会发现其中常常混有丁香的香调。有些品种的花瓣和雄蕊的香味组合恰到好处，因此，麝香可以与花瓣自带的香味巧妙结合。

叶片和"苔藓"

并非只有花朵才能散发出迷人的香味。锈红蔷薇（*Rosa rubiginosa*）的嫩叶有着美妙的苹果香味，在温暖的夏夜尤为明显。可通过持续的定期修剪以促其生长尽可能多的嫩叶。苔蔷薇（moss roses）①的花蕾周围有着苔藓状的表皮毛增生，法国蔷薇的花蕾周围具有黏性的腺毛则带有一种迷人的树脂气味。

①苔蔷薇，始于欧洲古典蔷薇的一种特殊类型。因其花萼、花托、花梗等部位上布满了异常增生的、具有腺体功能的苔藓状毛刺结构而得名，详见第71页。

《玫瑰之魂》

约翰·威廉姆·沃特豪斯（John William Waterhouse）的这幅画创作于1908年，又称《我的甜蜜玫瑰》（*My Sweet Rose*），被认为是受到了阿尔弗雷德·丁尼生（Alfred Tennyson）勋爵1855年的诗歌《莫德》（*Maud*）的启发。

月季玫瑰的应用

月季园

月季花坛或花园能给人们带来强烈的视觉盛宴。月季可以用来铺设地面、提供背景、覆盖小径。

第一个有记载的月季园规划是在1813年由景观设计师汉弗莱·雷普顿（Humphry Repton）为赫特福德郡的阿什里奇庄园（Ashridge House）制定的。在他的规划中有一些围绕中央喷泉的棺材形花坛，位于一排覆盖着月季的拱门内。但在当时，适合这样一个花园的月季品种并不多——这也许证明了雷普顿对他的月季并不了解。

19世纪中期，杂交茶香月季的发展真正引领了月季园的兴起。正如随后出现的丰花月季一样，这些全新类型的月季品种花期很长，从夏至秋可以将整个花园装点得丰富多彩。法国是当时月季园形式的引领者，如建于19世纪90年代宏伟的莱伊城玫瑰园（Roseraie de l'Haÿ）和建于1905年的巴黎巴加特尔公园（Parc de Bagatelle）的月季园。

月季园的这种新时尚逐渐在当时成为潮流，直到20世纪末，月季主要被种植在规则式月季园或月季花坛中。在私人花园里，这意味着往往只有一个小的圆形花坛，中间也许仅有一株树状月季，或者以对称形式布置数个花坛。几乎每座公园都有一个月季园。后来，杀菌剂和杀虫剂被大量使用，以应对越发严重的病虫害。随着审美和潮流的变化（这其中也包括无害或低害化学药剂种植理念的逐渐兴起），月季园中逐渐出现了与其他植物组合种植的趋势（见第24—33页）。

月季园的规划

虽然组合种植很美，但经过精心栽培和维护的标准月季园也魅力无限。标准月季园的花坛里需要种满月季，密到几乎看不到土壤。通常情况下，按约50厘米的株距种植，较大的品种需要更大的株距，在温暖气候条件下生长的月季同样如此。单个花坛可以仅种植一个品种，如果空间允许，也可以种植一些不同的品种。就色彩而言，月季品种的选择范围很广，从和谐、柔和的色彩，如**瑞典女王**（'Queen of Sweden'）、**奥利维亚**（'Olivia Rose Austin'）和**黛丝德蒙娜**（'Desdemona'），到热情奔放的多种色彩，如**查理四世**（'Empereur Charles IV'）、**金发美女**（'Golden Beauty'）和**夏日韵事**（'Lovely

Parfuma')。

选择直立型的品种，这样你就可以在其间穿行，以便进行除草、打顶等操作。由于需要采用单作的栽培方式，它们还要具备较强的抗病能力。良好的重复开花性和香味通常也是选择品种的先决条件。因此，人们通常把选择范围限制在杂交茶香月季、丰花月季、一些英国月季和某些波特兰蔷薇（Portlands）品种中。

一个规则式月季园几乎可以适应任何空间，且每个花坛可以容纳几株到几百株不等的月季，如伦敦摄政公园的玛丽皇后花园，或澳大

群花盛放

在位于英国什罗普郡的大卫·奥斯汀玫瑰园中，这块由现代灌木月季编织而成的"花毯"里镶嵌着浅色的藤本月季。它们随处可见，并与深色的柱状造型树相辅相成。

现代月季园

英国萨塞克斯郡格林德伯恩的新型月季园。该园主要以各种色调的粉色品种搭配——从最浅的粉色到深紫色，围绕在一座规则式喷泉和雕像四周。

　　"方尖碑和柱子可以增加花园整体的高度。它们还能为冬季带来观赏的乐趣，因为此时在其上生长的月季已经没有花朵和叶子了。"

完美"双排"
　　树状月季**芭蕾舞女**（'Ballerina'）种植于同一品种的自然形态的灌丛月季之上，前排是薰衣草和经过修剪的低矮绿篱。

利亚的维多利亚州立玫瑰园。它可以是简单的四个花坛，围绕一个中央的环形花坛或水景，边上有低矮的绿篱 —— 也许是欧洲红豆杉、薰衣草，或是**让·雨果冬青卫矛**（*Euonymus* 'Jean Hugues'）。虽然传统上人们常选择黄杨作为绿篱植物，但如今这并非最佳选择，因为黄杨往往会受到枯萎病和黄杨木蛾的影响，此外，黄杨的根系常与月季的根系争夺土壤养分。

增加高度

树状月季会增加景观的高度和层次，因此可以将其置于花园景观的中心，也可置于花园的小路旁。树状月季是按高度出售的，以适应不同的位置。植株的整体高度（包括花朵）为1.2—1.5米，适合大多数花境或花坛景观。而较矮的树状月季适合种植槽或盆栽。此外，垂枝的树状月季可以形成壮观的花瀑。树状月季的主干本身并不美观，需要利用周围的其他月季或植物进行遮掩。树状月季还需要坚固的木桩来支撑其"大头"，欧洲甜栗的树桩就特别适合，因为其在土壤中可以保持40年之久，并且不需要额外的防腐剂。

变通效果

与其拘泥于相似大小的月季，为了获得更自然随意的外观，不如将高度和生长习性截然不同的月季类型组合起来。比如可以将山丘形的**白色花毯**（'Flower Carpet White'）种植在更高且直立性更好的**庆功时刻**（'Champagne Moment'）旁边，或者尝试将树形相对圆润的**斯卡布罗集市**（'Scarborough Fair'）与较高的灌木型品种**亚历山德拉公主**（'Princess Alexandra of Kent'）种植在一起。你也可以引入一些野生种蔷薇，因为它们可以结出醒目的蔷薇果，或有多彩的叶子（见第158—163页），不过要注意避免使用任何倾向于通过根蘖大量繁殖的蔷薇属种类，如密刺蔷薇（*Rosa spinosissima*）及其杂交品种，因为它们很可能会侵占你花园的地盘。你还可以用覆盖着月季的花墙丰富花境，或在花境的道路旁加盖棚架。

对于混合花境的处理方式，是将月季的株距加大一些，并将它们与低矮的多年生植物或球根花卉交错种植。有人认为某些香草植物，如葱、薰衣草或鼠尾草，可以减轻月季的病虫害，使植株长势更健康。当然，在月季盛花期来临前，春季开花的球根花卉可以给花坛增添明亮的色彩。不过，要保证每株月季周围没有养分被过度竞争的情况出现。

组合种植

当月季与宿根花卉、一二年生花卉、球根花卉和其他花灌木一起种植，就可以创造出无限可能，利用植株形态和颜色之间的鲜明对比，打造出壮观的花园景观。

将月季与其他植物混合种植，看上去似乎是一种新的园艺做法。但事实上，早在19世纪末至20世纪初，人们就对这种搭配形式抱有很大的热情。威廉·罗宾逊（William Robinson）是一名月季爱好者，在其1883年的畅销书《英国花园》（The English Flower Garden）中，他对当时月季园中单一的搭配形式进行了批评。他写道："在我们这个时代，高贵的花朵却因不适合花园（混合花境）而被排除在外，首当其冲的就是月季。"他还提到："我以月季为主开始了夏季花园的工作，它的核心地位被遗忘太久了，长期被冷落于背景之中。"

混合花境有许多好处——不仅延长了花园的花期，有利于维持月季的健康生长，也是将蓝色引入花园的一种方式。最重要的是，将月季与色彩对比强烈的植物并列种植在一起，增强了月季本身的美感。大多数灌木月季的生长习性相对随意，这样就能与绝大多数多年生、一二年生花卉相匹配。而在混合花境中，较难搭配的月季类型是那些长势相对整齐的杂交茶香月季、丰花月季、露台月季和微型月季，这些类型的品种通常更适合在花园的其他地方种植。

月季和多年生植物以1:1的比例混合种植效果很好，或者多加入一些月季也无妨，尤其是那些充满个性的品种，如美丽的粉红色大马士革蔷薇**伊斯法罕**（'Ispahan'）或杏粉色的"开花机器"**夏洛特夫人**（'Lady of Shalott'）。如果你有足够的空间，可以将3个相同的品种紧挨着种植（间隔约为品种宽度的2/3），以获得更繁茂的视觉效果。

混合花境规划

如果你想打造一个新的混合花境，或希望让荒废的花园重焕生机，你都可以围绕月季设计种植方案。用它们来构造景观：作为墙壁和栅栏的背景，创造视觉焦点，或让它们沿小路边甚至拱门上生长。

当你确定了主体月季的位置，就可以在它们周围添加互补的宿根和球根花卉，在第一年也可用一年生花卉作为填充。

混合花境

　　各种月季竞相盛放在色彩斑斓的花园里：灌木月季与大戟、大花飞燕草一同绽放，一株蔓性月季爬上树梢，而后面的栅栏则被藤本月季覆盖。

　　当你计划将月季与其他植物混植时，首先要考虑的是它们需要多少空间。除了适应性强的野生蔷薇及其杂交品种外，月季通常并不喜欢有其他植物在它们周围生长。因此，理想情况下，其他植物应当种植在足够远的地方——它们的冠幅边缘刚好接触到月季植株的冠幅边缘，这样就能营造出花朵成排成群绽放的效果。有一个粗略的株距计算方法：将月季及其相邻植物成熟后的冠幅相加再减半，以确定最佳种植地点。例如，一株约1.2米宽的月季与约60厘米宽的多年生植物之间的种植坑距离约90厘米。也许当你栽种它们时，植株本身还没有成熟，也没有开花，这个距离很容易让人觉得过大，但这是必要的，因为多年生及二年生植物往往有着庞大的根系，会从地表吸收大部分的水分和养分，而这样留给月季的就很少了。

　　一年生植物可以种得相对紧密一些，因为它们的根系分布较浅，不会影响月季的生长。它们的花期通常很长，点缀在月季花丛中显得俏皮可爱。你还可以尝试种植波斯菊（粉红色、白色、洋红色，甚至还有黄色和橙色系品种），蓝色、白色或粉红色的黑种草，及橙色至象牙白色的金盏花。它们株形小巧，适合栽植于月季花丛前。一年生植物的最佳选择

25

之一：菊蒿叶沙铃花（*Phacelia tanacetifolia*，也称蓝翅草），通常用作地被植物。它易于播种，出芽率高，生长迅速，开花快，有着可爱的蓝色小花。更重要的是，它能吸引蜜蜂等传粉昆虫。此外，它很容易播种繁殖，尽管有时它可能会在花园里"泛滥成灾"，但也很容易清除。

很多多年生植物具有"令人厌恶"的生长习性——依附在相邻的植物上生长，这一点对未成熟的月季植株来说并不友好。**六巨山法式荆芥①**（*Nepeta* 'Six Hills Giant'）就是一个典型的例子：它们长得太高，若是经历强风或大雨后倒伏，就会影响周围植物的生长，甚至死亡。为了安全起见，你可以选择一个较矮的品种，如**小吉猫法式荆芥**（*N.* × *faassenii* 'Kit Cat'）。当月季植株长势良好、趋于成熟时，轻微的倾斜（无论是月季还是多年生植物的倾斜）充满着自然的美感。许多法国蔷薇品种有着相当随意的生长习性，花朵和枝头倚靠在相邻植物上，极具风韵。

如果你想在现有的多年生植物花园中增加一些月季，要注意理想与现实之间的差距。一般来说，在冬季或早春，特别是在修剪植株与清理花园之后，你会在草堆中找到看似充足的空间，并在其间种植一株月季。然而，多年生植物是填补空间的能手，过不了多久，可怜的月季新苗就会被遮盖并消失在那些植物繁密的茎叶之下。因此，请确保种植的地方有充足的可供月季生长的空间，并用木桩固定附近的多年生植物，至少在最初的一两年里确保它们不会倒伏，直到月季植株能够"站稳脚跟"。

植物组合

月季的花期很长，在观赏植物当中显得格外出众。多数品种从春末夏初一直到秋末冬初开花不断。为了进一步延长花园的花期，春季开花的球根花卉显然是很好的补充，许多种类从冬末到春天都可开花。而这时的月季刚被修剪过，正是月季植株的"光杆"时期（需要注意为月季留出空间，以免在修剪时不小心踩坏你种植的春季开花球根）。

而当月季与其相邻的植物同时开花时，就可以形成美妙绝伦的搭配组合。通过一系列的月季和其他植物的搭配，你将会比较容易获得满意的结果，但要创造真正绝美的花境艺术，关键在于确定最佳的植物种类搭配。这就是园艺的乐趣所在：尽管这很难实现，但一旦可行就会有很大的收获。你需要考虑的不仅仅是植物的颜色、高度和株形，还包括它们的特性。一种植物与原始野生物种的关系密切与否，将决定其植株整体的匀称

①法式荆芥，唇形科荆芥属的一种香草植物，即大众熟知的"猫薄荷"，园艺品种众多。

生机盎然

在日本横滨的英式花园里，橙色的月季、蔷薇果与后侧浅杏粉色调的植物交相辉映。而高大的观赏草、大红色的朱唇、有银色叶子的乔木则给景观增添了深度和动感。

性。例如，一株大型的野生蔷薇，不会与高度园艺化的松果菊或金鱼草等植物相配。

若你想种植一些与月季株形相互呼应的植物，那么你可以用直立性较好的月季品种，如**瑞典女王、园丁夫人**（'The Lady Gardener'）和**詹姆斯·奥斯汀**（'James L. Austin'）与毛地黄、飞燕草以及羽扇豆搭配，或者用猫薄荷、耐寒天竺葵和芍药等株形相对圆润的植物与之相配。如果月季植株下部存在低位芽的话，这些植物也可以起到掩盖的作用。

不过，大多数灌木月季的株形更加圆润和随意，所以会与高大、

追光者

    有着鲜艳粉红色花的灌木月季品种**约翰·克莱尔**（'John Clare'）周围搭配种植了绵毛水苏，并与滨藜叶分药花（右侧）搭配。

28

纤细的宿根花卉或夏季开花的球根花卉形成鲜明的对比。而矮小、贴地的植物，如加勒比飞蓬（*Erigeron karvinskianus*）、一些耐寒天竺葵和石竹，是完美的镶边植物，可以填补月季和花园边界之间的空白。

在搭配上，你也需要考虑花朵的大小。大多数月季品种的花朵比多年生植物的要大，你可以选择能放大这种差异的植物。例如，**奥利维亚**的大型粉红色花朵和猫薄荷盛放的蓝紫色小花是一组不错的搭配。在盛花期的后期，**小卡罗荷兰菊**（*Symphyotrichum* 'Little Carlow'）的无数小花与**优丝塔夏·福爱**（'Eustacia Vye'）硕大的粉色花朵形成鲜明对比。反之亦然，紫粉色多头小花品种**西贝柳斯**（'Sibelius'）与柔和的粉色**莎拉·伯恩哈特**芍药（*Paeonia* 'Sarah Bernhardt'）；或用白色多头小花品种**赛点**（'Matchball'）和蜀葵产生对比的效果。

高度是另一个需要考虑的因素。为了搭配出绝佳的色彩组合，搭配植物的花头应当相互靠近，一般来说，高大的植物位于矮小的植物的后面效果最好，尤其当花园的观赏视角相对单一时，如花园后面有墙、栅栏或树篱。但这并非绝对的规则，如果花园中所有的植物都是一字排开，从前到后严格按照高度顺序排列，看起来会显得枯燥乏味。花园植物适当的高低错落可以给整个花园增添活力，而且任何具有良好香味的月季应当易于接近，以便闻香。你也可以搭配形态轻盈的植物，如将巨针茅（*Stipa gigantea*）或**暗紫**河岸蓟（*Cirsium rivulare* 'Atropurpureum'）植于月季植株前，视线透过这些植物去欣赏月季，就能产生绝佳的效果。

大多数杂交茶香月季的株形比较直立僵硬，花色鲜艳、风格多样，这意味着它们往往与传统意义上月季的"伴侣"植物不搭，因为这类"伴侣"植物大多有小而柔和的花朵，株形较为松散。也许并不是每个人都喜欢这种搭配，但将色彩鲜艳的杂交茶香月季或丰花月季，如**金发美女**、**花园公主玛丽何塞**（'Fruity Parfuma'）和**娜塔莎·理查森**（'Natasha Richardson'），与类似的花色鲜艳且直立性较好的搭配植物种在一起，则会相映成趣。这种搭配可用在热带风格的花园里。

一些株形比较自然、优雅的杂交茶香月季品种有着芳香的单头大花，如杏色的**奥克利太太**（'Mrs. Oakley Fisher'）和粉色的**俏丽贝丝**（'Dainty Bess'），还有一些开着极具古老玫瑰风格的花，如乳黄色的**协和**（'Concorde'）和柔粉色的**阿莫罗萨**（'Amorosa'），这些品种更适合被应用于混合花境。丰花月季则有更多的可能：白色或粉色品种，如**冰山**（'Iceberg'）和**狮子之花**（'Champagne Moment'）很容易与其他植物搭配，而**夏日韵事**和**卡罗琳的心**（'Caroline's Heart'）都有粉色的花朵，可以完美融入其中。

万花筒

    花色丰富多变的**黄蝴蝶**香水月季（*Rosa × odorata* 'Mutabilis'）与有着神秘的深紫色花序的圆头大花葱（*Allium sphaerocephalon*）相得益彰。

色彩效果

    当然，也许你在最初种植时没有考虑色彩的关联性，导致最终效果不佳，显得杂乱。因此，你需要对"花园调色板"进行整理，以找到效果最佳的色彩搭配。你可以将邻近色的种类相互搭配，如黄色与杏色；也可以搭配对比色，如黄色与紫色。较少的色彩种类对于小空间效果更好。

    如果你想创造一种壮观的视觉效果，可以使用对比强烈的颜色组合（如果你配错了色调，这种色差与冲突就会更加明显），如品红色的月季品种**查理四世**搭配开花较晚的**月神**福氏紫菀（*Aster × frikartii* 'Mönch'），或紫色的**西贝柳斯**搭配深色的羽扇豆，如**杰作**羽扇豆（*Lupinus* 'Masterpiece'）。相比之下，以柔性色调为基础的组合则要相对容易很多，即使它们不是理想的搭配，冲突也不会那么明显。例如，你可以尝试将白色的灌木月季**夏日回忆**（'Summer

柔和的对比

在这个混合花境中,近处蓝色的耐寒性老鹳草,与柔和花色的**艾米莉·勃朗特**('Emily Brontë')及白花的毛地黄遥相呼应。

　　"值得花些时间对你的花园色彩搭配进行调整，以找到最好的颜色搭配组合，诸如粉色与紫色的邻近色能够取得良好的效果。"

Memories')与某个浅色系花朵的老鹳草品种搭配，如淡紫色的肾叶老鹳草（*Geranium erenardii*）或白色的**无尽白**大根老鹳草（*G. macrorrhizum* 'White-Ness'）。**优丝塔夏·福爱**搭配淡粉色的巴克兰大星芹（*Astrantia* 'Buckland'），或用柔和杏色的品种**斯蒂芬妮·于瑟尔**（'Stéphanie d'Ursel'）搭配黄色且具有芳香的**柠檬铃铛**萱草（*Hemerocalli* 'Lemon Bells'）。如果你觉得只有柔和色调的花园可能显得无聊，那也可以补充更鲜艳的色彩来增加一些活泼的视觉焦点。

虽然我们往往想尝试创造出完美的色彩搭配，但在实践中却很难做到与图片和描述的一致。如果可以，你不妨试着从要确定位置的月季植株上剪下一朵花，在你的花园或当地的苗圃里走走看看，把它和其他植物放在一起，反复比较。这将使你对植物搭配的最佳组合有更好的了解，有些搭配看起来不太可行，而有些看起来还算不错，还有些则会真正地让彼此产生火花。

关注每朵月季的所有开放阶段是一件很重要的事。花蕾的颜色通常与开放的花朵截然不同，而当花朵趋于凋谢时，颜色又大不相同。因此，请退一步，客观地建立每个品种的整体印象 —— 如果你仅仅关注一朵花最引人注目的阶段（通常是花蕾或刚刚开放的花朵），那么结果是你精心策划的配色方案被扰乱。

灌丛的复兴

灌丛常常代表着一种相当怀旧的维多利亚风，让人想到一个杂草丛生、阴郁、被忽视的角落。相反，何不选择高大的月季品种和其他花灌木来创造一个色彩斑斓、香气四溢、四季都有亮点的景观呢？一些花期长、高大的月季品种可以在这里种植，包括柔和的黄色到粉红色调的**黄蝴蝶**香水月季、**克莱尔·马丁**（'Clair Matin'），深粉色的**浮华**（'Vanity'）和粉白色的**芭蕾舞女**（'Ballerina'），而**云雀高飞**（'The Lark Ascending'）、**巴特卡普**（'Buttercup'）、**姗姗而来**（'Tottering by-Gently'）、**晨雾**（'Morning Mist'）和**佩内洛普**（'Penelope'）则会结出漂亮的蔷薇果。

金缕梅可在冬季开花，槭树和小檗有优美的秋季叶色，卫矛、小檗和茵芋则会在冬季挂满鲜艳的浆果。醉鱼草、绣球、山梅花、茵芋和薰衣草的繁花也可填补盛夏月季花期的空档。

花园珍宝

如图所示，**格特鲁德·杰基尔**（'Gertrude Jekyll'）与蓝宝石色的大花飞燕草和**紫水晶**林荫鼠尾草（*Salvia nemorosa* 'Amethyst'）相互映衬，创造出了一个丰富多彩的蓝宝石色调。

月季树篱

不管是单一品种还是多个品种的混搭，月季树篱都是非常壮观的。或者，你可以用月季和其他灌木组成混合树篱，就像野生绿篱那样。

月季可以形成五彩缤纷但又难以穿越的高大屏障，也可被塑造成一个低矮又洋溢着花香的园内隔断。高大且具有野性的、带刺的品种，以及那些不一定重复开花，但会在秋天结蔷薇果的品种，是作为花园外部边界屏障的一个好选择。最经典的当数玫瑰（*Rosa rugosa*）及其杂交品种（见第64页），它们特别坚韧，不易有病虫害，花期长，而且很多品种都能长出如同樱桃番茄大小的绚丽秋实。其他野生种蔷薇及其近缘杂交种，或一些更现代的、小花的杂交麝香蔷薇也是很好的选择，如**甜蜜剪影**（'Sweet Siluetta'）、**让大公**（'Grand-Duc Jean'）（此品种花色为胭脂红，中心为白色的"眼睛"）。

对于花园内部的隔断，最好的选择是直立性更好、紧凑且不带刺的品种，最好有着美妙的香味。许多英国月季和丰花月季品种，如**瑞**

花之边界

这片由灌木月季**海泡石**（'Sea Foam'）构成的花篱，是纽约州奥罗拉市的大型景观工程的一部分。

醒目色彩
　　在英国什罗普郡的大卫·奥斯汀玫瑰园里，鲜橙色的**夏洛特夫人**（'Lady of Shalott'）形成了一道引人注目的花篱。

典女王、**园丁夫人**和**花之岛**（'Île de Fleurs'）都很合适。

　　由于你需要把一整排月季（通常是同一品种）种在一起以打造绿篱的效果，所以选择抗病性强的品种尤为重要。关于株距，一个简单的经验是将它们以品种成熟植株宽度一半的间隔种植，所以对于约1米宽的月季品种来说，大约要间隔50厘米。如果你希望能够更快地形成密集的树篱，可以将它们种得更近一些；如果你的目标是建立一个通透的屏障，则可以加大株距。

　　要想让绿篱整体看上去更自然，你可以将不同高度和宽度的月季品种结合起来，或者将它们与其他灌木混植在一起，就像野生种自然生长的效果。你可以只使用野生种蔷薇，与金银花、栓皮槭、黑刺李和山楂搭配，或者使用开花时间较长的、同样略带野生种蔷薇风格的花园品种，如**花之岛**或**金雀**（'Goldspatz'）。其他植物如**芬芳**香忍冬（*Lonicera periclymenum* 'Scentation'）、**冬之美人**颇普忍冬（*Lonicera* × *purpusii* 'Winter Beauty'）和**珠穆朗玛**海棠（*Malus* 'Evereste'），也可以修剪成树篱。

攀缘而上

在所有攀缘植物中，月季当属最佳选择。它们的植株形态多样，用途广泛，多数品种花期长、有香味，所以总有一款攀缘品种适合花园的垂直面。

根据你的种植计划选择合适的品种相当重要。如果仅在较小的支撑物上生长，长势过旺的月季品种往往会带来大麻烦。一个大小适中的品种也许需要更长的时间才能达到成熟状态，但其易于打理，花量更大，整体效果更好。

覆盖墙壁和栅栏

适合种植攀缘月季的可选场所很多，可将它们种植在房屋的墙壁附近，特别是在门前两侧最为常见。藤本月季往往是最好的选择，因为除了那些矮小的蔓性月季品种外，绝大多数蔓性月季品种的长势都过于旺盛，难以管理。另外，你要尽可能选择花期长的品种，或者通过种植另一种攀缘植物（如铁线莲）来弥补那些一季花藤本月季品种的花期。

月季花朵的色彩需要与其依附外墙的颜色相配。如暖粉色或白色系品种可与红砖墙相配，但最简单可靠的方法是把花朵与墙面进行比较，看看搭配是否合适。你也可以对墙面和栅栏进行粉刷，但仍要考虑色彩搭配，在浅色的垂直面背景上，色彩较浅的花朵不会对整体效果产生太大的影响。相反，如果将深粉色、紫色的**格特鲁德·杰基尔**（‘Gertrude Jekyll’）或**紫色客机**（‘Purple Skyliner’）用在白色或奶油色的墙面上，或将黄色或杏色系的**金门**（‘Golden Gate’）、**阿兹玛赫德**（‘Ghislaine de Féligonde’）或**夏洛特夫人**用在柔和的黄色墙面上，那么效果如何？别忘了，未上漆的木栅栏随着时间的推移很容易褪成灰色。

对于约2米高的栅栏，可以选择高达约3米的藤本月季（它们会沿着栅栏生长，枝条向两侧逐渐伸展）或大型灌木月季品种，它们很容易长到这个高度，特别是靠着温暖的栅栏或墙面。把茎绑在固定好的螺丝上或连接在固定螺丝孔的造型铁丝上，是支撑它们最简单的方法（见第238页）。

形成对比

　深色墙面为**劳拉·福特**（'Laura Ford'）明亮的乳黄色花朵提供了完美的背景。

迷人的藤本月季

　　在法国卢瓦尔河畔的罗克兰花园（Les Jardins de Roquelin），藤本月季**玛丽华莱士**（'Mary Wallace'）成为这面石墙边上一道亮丽的风景线。

拱门

　　拱门在花园内具有明确的功能时才能实现最佳的景观效果，如作为花园不同区域之间的过渡。拱门可以是木质或金属材质，风格多样，可质朴简约，也可以极具装饰性（尽管任何装饰物都可能被月季完全掩盖）。

　　金属拱门不会腐烂，可以对其表面进行各种处理，粉末涂层的颜色也能维持很长时间。木质拱门的寿命往往有限，特别是当底座直接打进地下而不是固定在金属基柱里时。但欧洲甜栗桩可以在自然环境下保持40年之久，不需要额外的防腐剂。总言之，不论何种材料，拱门都需要足够坚固结实，以承受月季攀缘覆盖的重量，尤其是能够应对大风。拱门至少需要有约2.5米高，约2米宽，否则很难撑起穿行其中的月季枝条。

　　选择那些株形相对开展的品种，否则某些品种会在顶部长出垂直生长的枝条，看起来很不美观，也很难绑住。许多攀缘型英国月季、小花藤本月季和蔓性月季，都特别适合装饰拱门，它们有着与生俱来的能力，自下而上都能够或多或少开花，如**漫步的露西**（'Rambling Rosie'）和**天堂的味道**（'Scent from Heaven'）。

繁花步道

　　在加拿大不列颠哥伦比亚省维多利亚市的布查特花园（Butchart Gardens）中，覆盖着月季的拱门形成了一条充满活力的繁花走廊，供游人欣赏。

都市绿洲
　　在这个都市庭院花园里，**校长**（'Rambling Rector'）开满花朵的枝条穿过钢架。在半阴的空间中要充分利用光影来打造怡人的景观。

棚架

　　棚架本质上是一系列拱门连接起来并形成一个通风的廊道。它可完全由木材制成，也可以由砖块或石柱构筑，并通过水平木梁连接起来，使其更加坚固。与拱门一样，棚架需要足够的高度和宽度，以免月季阻挡通道。更重要的是，选择种植在棚架上的月季品种要求株形开展，这样易于横向牵引 —— 通常是蔓性月季。由于该类型的品种大多不能重复开花，所以可行的解决方案是在每道棚柱的基部同时种植一种藤本月季和一种蔓性月季：前者可覆盖棚架的垂直部分并在后期持续开花；而后者则继续向上生长并越过棚架顶部，花朵会优雅地从棚顶垂下。为了促进植株从棚柱的底部就开始绽放花朵，可引导枝条以约45°的角度绕过支柱。

方尖碑与花柱

　　方尖碑对创造花园的结构亮点、增加花园整体的高度很有用。它们在冬季也很美观，尽管此时其上生长的月季已无花叶。方尖碑的形状和大小各不相同，结合实际选择适合花园的方尖碑高度尤为重要。如果太矮，方尖碑会被周围的植物"淹没"；反之，方尖碑可能在整个花园中过于突出，弱化了其他区域的视觉效果。

　　方尖碑通常呈规整的几何形状，为了更好地展示它们，种植在上面的任何品种都应合乎比例，而且长势易于控制。这意味着适合一些直立性更好、更高大的灌木品种，如**园丁夫人**、**夏日回忆**和**古代水手**（'The Ancient Mariner'）都是不错的选择，而不是藤本月季或蔓性月季。为了促进月季尽可能多地开花，并帮助限制植株的高度，可将其茎部围绕碑体结构进行引导。避免选择长势过于旺盛的月季：它可能会压倒方尖碑，破坏应有的规整效果。

同方尖碑一样，柱子可以增加花园的视觉高度，而且它们在地面上占用的空间较小。由于柱子的宽度通常不超过15厘米，要想让月季的枝条在其上攀缘生长并不容易。但是，如果将3或4根柱子相互间隔20—30厘米，构成三角形或正方形，你就可以创造更多可能，并使月季枝条更容易顺着这个结构爬上去。花柱需要搭配适当高度的月季，可以保持整齐的效果。一些较矮的藤本和蔓性英国月季，以及其他小型藤本或蔓性月季品种，都是不错的选择，如**莱克夫人**（'Lady of the Lake'）、**自由飞翔**（'Open Arms'）和**漫步的露西**。

> "蔓性月季非常适合种植于树旁：成串的繁花从枝头上自然垂下。"

攀树生长

覆盖满树的月季是一道壮观的风景线，朵朵绽放的鲜花组成芳香四溢的花团，从树上优雅地垂下；如果种植得当，这些月季还会结出大量的橙色或红色的蔷薇果。蔓性月季相较藤本月季往往是更好的选择，因为它们更有可能在有其他树木竞争的环境下茁壮成长，且株形开展，可形成优雅的下垂姿态。在这种情况下，枝条上的皮刺就会发挥作用，以帮助月季长长的枝条固定在树干上。虽然无刺的蔓性月季品种看上去很有吸引力，但更容易被大风吹散。刺的数量越多，弯钩状特征越明显，就越稳固。

确保月季品种的长势与树木的大小相匹配是很重要的，像**藤本塞西尔·布伦纳**（'Climbing Cécile Brunner'）这种可达约8米的蔓性月季，它的长势很旺盛，与橡树或山毛榉这样的高大乔木可谓绝配。若这种蔓性月季与小乔木或中等大小的树木搭配，那么这棵树就会因得不到光照和空间而被闷死。等到这棵枯树倒下后，这一大片月季最终可以形成一道壮观的花瀑，但这种情况只有在你有足够大的空间时才适用。

中型树木，如桦树、榛木或老苹果树，适合中等长势的蔓性月季，如**奥尔良花环**（'Adélaïde d'Orléans'）和**弗朗西斯·莱斯特**（'Francis E. Lester'），它们可以长到约5米高，效果很好，可以让支撑树露出来一部分。对于小乔木来说，如山楂树或樱桃树，搭配的品种可选择仅有2—4米高的蔓性月季，如粉红色的**首演**（'Debutante'）或**保罗·诺埃尔**（'Paul Noël'）都很合适。后者可重复开花，这一特性在蔓性月季品种中并不常见。

藤本月季的搭档植物

蔓性和藤本月季可以成为其他攀缘植物的绝佳搭档。对任何可以想到的植株大小都有很多可选的种类，小型攀缘植物可以种植在大型月季品种上，但是反之，会导致下方的月季植株被闷死，如将蒙大拿型铁线莲（绣球藤，*Clematis montana*）种植在约3米高的藤本月季上。

选择品种的要领在于利用其他攀缘植物来弥补月季花期的空档，以延长景观整体的花期（特别是大多数蔓性月季，仅在初夏有一次壮观的花期），或者选择那些花朵之间相互映衬的搭配。铁线莲也许就是最适合的

枝头上缀满繁花

在日本横滨玫瑰园，大花藤本品种**龙沙宝石**（'Pierre of Ronsard'）爬上树枝形成了一面花墙，周围也是各种各样的月季，包括**亚历山德拉公主**（'Princess Alexandra of Kent'）、**樱岛**（'Sakurajima'）、**广岛之钟**（'Hiroshima-no-Kane'）和**潘妮洛比亚**（'Pēnelopeia'）。

类群了，其品种类型同样足够丰富，有着不同的大小和株形，你可以找到在每季都能开花的品种，也能找到在数月内稳定复花的品种。如**微光**（'Shimmer'）是中等紫色到蓝色，高约2米；**瑞贝卡**（'Rebecca'）的高度可达约2.5米，红色花。二者的花期都在5—9月。晚花的意大利型/南欧铁线莲（*Clematis viticella*）品种总能与月季相配，品种包括紫粉色的**丰富**（'Abundance'）、深紫色的**黑太子**（'Black Prince'）和白色的**小白鸽**（'Alba Luxurians'），它们的高度可达3—4米。

杏色喜悦

　　有着杏黄色花朵的藤本月季**暮色**（'Crépuscule'）与金色混合玫紫色基部的**橙花红萼苘麻**（*Abutilon* 'Orange Hot Lava'）交相辉映（拍摄于美国加利福尼亚州）。

44

春季的花园中，也有一些铁线莲成为看点。一些长瓣铁线莲（*Clematis macropetala*）品种在4—5月开花，可长到约3米高，如白色的**白色高压**（'Albina Plena'）或紫色的**章鱼**（'Octopus'）。蓝色的**帕梅拉·杰克曼**高山铁线莲（*C. alpina* 'Pamela Jackman'）花期稍早，为3—4月。长花铁线莲（*C. rehderiana*）和甘青铁线莲（*C. tangutica*）及其杂交种的生命力更强，7—10月开黄花。它们顺着蔓性月季向上生长并形成壮观的效果，而且会结出迷人的果实。

铁线莲的根系分布广泛，成熟后会与月季的根系竞争，因此最好在两三年内月季植株成熟后再补植铁线莲，否则至少要在约1米以外种植。

忍冬（金银花）则是另一类在春季花园中效果出众的攀缘植物，但许多忍冬的生命力很强，很容易就会把株形较小的月季闷死。但也有株形不大的忍冬种类可选，如乳黄色的**超级**意大利忍冬（*Lonicera etrusca* 'Superba'）、红色的**垂红布朗忍冬**（*L. × brownii* 'Dropmore Scarlet'），以及**芬芳**香忍冬，它们可以与月季同期开花。

在有轻度霜冻的温暖地区的冬季花园中，开亮蓝色小花的蓝铃海桐花（*Sollya heterophylla*）的视觉效果很好。**奶油德文**素馨（*Jasminum officinale* 'Devon Cream'）或一些络石（*Trachelospermum*）的杂交品种可以给花园增添星星点点的奶油色或白色花朵，同时伴随着甜美的香味。西番莲可以与较大型的月季热烈地交织在一起，别有一番异国情调。

一年生的攀缘植物也可以与月季配合得很好，因为它们的根系不像多年生植物那样具有竞争力，而且它们的花期往往可以更长。所有种类都可以通过种子播种出苗，或在春季直接以种苗的形式供应。紫色的电灯花（*Cobaea scandens*）花期一直持续到秋末，在与其他深色调品种搭配时效果很好，如浓郁杏色的**夏洛特夫人**或深红色的**藤本荷兰之星**（'Climbing Étoile de Hollande'）。

圆叶牵牛（*Ipomoea purpurea*）有喇叭状的蓝色、红色、粉色或紫色的花朵，缠绕在亮粉色的月季（如**格特鲁德·杰基尔**）上颇具特色。香豌豆（*Lathyrus odoratus*）也是一种很好的植物，尤其是老品种**库帕尼**（'Cupani'）香味最佳，栗色搭配紫色的花朵，是开满杏色与玫瑰粉色花朵的**黄蝴蝶**香水月季的好搭档。香豌豆喜欢水分充分，所以偶尔对种植区域进行适当的浸涝处理有助于更快开花。

若想要真正的热带色彩，那你也许可以为一些色彩明亮的杂交茶香月季搭配翼叶山牵牛（黑眼苏珊，*Thunbergia alata*）有橙色的花朵和深棕色的花心，它也有其他颜色的品种，从粉色到黄色再到奶油色。

秋冬时节的月季

花期长的品种、秋色叶和蔷薇果色彩鲜艳的品种，及观赏性强的蔓性月季，都能给一年中处于低谷时期的花园增添些许亮点。

如今，我们在花园里栽培的绝大多数月季品种可以多季节重复开花。与其他大多数观赏植物相比，它们的生长期和花期非常长，通常从初夏开始，在温带地区花期可以持续到秋末冬初。不过，如果有适宜的气候条件和理想的位置，有些品种会一直开花到圣诞节，甚至可以全年开花不停。茶月季就是这样的类型，尽管它们需要全年温暖的气候才能生长。中国月季，尤其是**月月红**和**黄蝴蝶**香水月季亦是如此，而且其对一年中其他时间的温度需求也不那么挑剔。对于热带的某些地区来说，那里的"冬季"相当于温带地区夏季的温度条件，大多数重复开花的月季会在那时开出最好的花朵，然后在当地酷热的夏季进入休眠状态。

有些种类或品种具有绝美的秋色叶，特别是**大花**密刺蔷薇（*Rosa spinosissima* 'Altaica'）、维吉尼亚蔷薇（*R. virginiana*）、亮叶蔷薇（*R. nitida*）和草原玫瑰（*R. setigera*）。玫瑰的叶子在自然脱落之前

严寒的优雅姿态

在苏格兰邓罗宾城堡（Dunrobin Castle）的院子里，这些藤本月季看似光秃秃的枝条，却在金字塔形的框架上形成了别具一格的冬季美景。

严冬之美
　　随着气温下降，伯尼卡（'Bonica'）持久未凋的花朵会被霜冻覆盖。

前也会变成柔和的黄色，尽管时间很短暂。

　　蔷薇果可以为冬季花园增添色彩（见第158—163页），只要你选择那些果实持久的种类。但是，如绢毛蔷薇（R. sericea）的蔷薇果在成熟上色后便很快脱落。而玫瑰果和一些原产中国的野生蔷薇，如华西蔷薇（R. moyesii）和扁刺蔷薇（R. sweginzowii）的果实，在初冬之前都十分引人注目。当然，也有其他某些种类的果实在隆冬之后仍然看起来不错。但由于很多人认为蔷薇在花后都需要打顶以促进生长和开花，所以许多种类潜在的具有观赏性的蔷薇果并没有被记录。你可以试着留下一些种类的残花，看看会有什么意想不到的结果。

　　将具有秋实的蔷薇与其他具有美丽秋色叶或浆果的观赏灌木混种，可以把花园里的亮点延续到来年的春天，如**冬火**灯台树（*Cornus sanguinea* 'Midwinter Fire'）、**金斑**洒金桃叶珊瑚（*Aucuba japonica* 'Crotonifolia'）或**尼曼斯**日本茵芋（*Skimmia japonica* 'Nymans'）。也可加入冬季开花的植物，如结香（*Edgeworthia chrysantha*）、郁香忍冬（*Lonicera fragrantissima*）或少花蜡瓣花（*Corylopsis pauciflora*）。

　　长势旺盛的蔓性月季可以通过牵引塑造成更有观赏性的形态，这样它们在修剪之后新芽萌动之前的那段时间看起来同样具有美感。与其剪去它们长而灵活的枝条，不如把它们绕成一圈，这样做还有一个好处——促其产生更多的花。而多数藤本月季品种的枝条往往过于僵硬，而且枝头通常也不会下垂。

种植月季的 不利条件

不是所有的花园都能为月季提供理想的栽培条件，如没有足够的空间、土壤贫瘠或没有土壤、极端温度或缺乏光照，但仍有办法解决这些问题。

贫瘠的土壤

大多数月季喜欢营养充足且排水良好的土壤，不过在添加了充分腐烂的有机物后，许多种类的月季也可以在不太理想的土壤条件下生长良好（见第224—225页）。如果你的土壤深度不够或排水过快，那么可以尝试一些适应性强的品种，如**伯尼卡**、**半重瓣**白蔷薇（*Rosa × alba* 'Alba Semiplena'），或**圣蔷薇**（'Richardii'）。对于真正的沙质土壤来说，某些沿海地区分布的野生蔷薇属种类，如玫瑰和密刺蔷薇是最佳选择。它们的杂交品种也很合适——只要栽种的是自根苗（即通常所说的扦插苗，非嫁接苗），或栽种得足够深，以促进从茎的基部生根。

虽然月季本身要求土壤有一定的湿度，但如果根部长期处于潮湿状态，绝大多数品种并不会生长得很好。而来自美国的原生种——沼泽蔷薇（*R. palustris*）和加州蔷薇（*R. californica*）则是例外。二者都有深粉红的单瓣花，在水涝处生长良好。维吉尼亚蔷薇也可以在相当潮湿的土壤中，甚至是在盐沼地带边缘生长。

容器栽培

如果你没有种植月季的良好土壤条件，就可以考虑使用大型容器了（见第227—228页）。陶土或釉面花盆比塑料花盆具有更好的保温效果。但如果温度降到-15℃以下，你仍然需要将花盆移到温暖处，或用塑料气泡膜将其包裹起来，因为盆栽的月季相比地栽更容易受到低温带来的伤害。

由于花盆提供了高度，不存在其他植物的竞争或来自侧面的遮挡，盆栽月季的枝条更容易向两侧生长，最终形成更圆润的整体形态。尽管如此，最好从一开始就选择株形紧凑的品种，形成一个茂盛的灌丛，如**黛丝德蒙娜**或**花园公主玛丽何塞**，否则直立的枝条过于突出就会变成"绿巨人"。对重复开花和香味的要求是理想化的，但并非必要。良好的抗病性很重要，因为盆栽的有限空间使得根系和植株生长受限，更容易受病虫害的影响（尽管加强通风可减轻病虫害的发生）。许多英国月季品种都是理想的选择，也包括丰花月季（虽然香味不是它们的优势）。较小的类型，如微型月季、露台月季和小姐妹月季也是潜在的选择，尽管其中的许多品种都缺乏香味。（更多品种建议见第118—123页）

你可以在容器中种植较矮的藤本和蔓性月季，如**漫步的露西**和**自由飞翔**，它们也可以用来覆盖墙壁和栅栏。较矮的"半高"或"四分高"①的树状月季的视觉效果也不错。周围最好搭配其他植物，如加勒比飞蓬。

盆栽的月季可以被布置成一个视觉焦点，尤其是株形矮小的品种，否则它可能会"迷失"在混合花坛中。在它的周围摆放其他盆栽，尝试多种多样的种植组合，探索无限可能。你可以按季节更换种类：冬季的观叶植物，如岩白菜（*Bergenia purpurascens* var. *delavayi*）或矾根；接着是春季开花的各种球根；随后是夏季的多年生植物或一二年生草花。在大型栽培容器中，你甚至可以将其他植物种在月季附近，或可以在四周种植南庭芥或丛生福禄考（*Phlox subulata*）。

极端温度

对于北美地区来说，一些花园地处四季温和的海洋性气候区，那里夏季高温很少，冬季也相当温和。如果你有一个阳光充足的沿海或城市花园，就可以种植茶月季品种，并能享受中国月季四时常开带来的乐趣。而在部分夏季炎热干燥的地区，适应相似气候型的野生蔷薇种类也可以茁壮成长，如原产于地中海一带的法国蔷薇和原产于中国的黄蔷薇（*R. hugonis*）。

月季、玫瑰、蔷薇不同品种的耐寒性差异很大。有些品种，包括玫瑰和其他原产于北方地区的品种可以承受极端低温，最低温可达USDA2区②（约-40℃）。绝大多数现代月季品种可在7区（约-10℃）安全越冬，一些品种可在5区（约-15℃）生存。

寒潮带来的剧烈降温与冬末或早春的温暖期交替出现，就可能对月季造成伤害。若有针对寒潮天气的预报或预警，你就可将针叶树的枝叶覆盖在月季植株上进行保护。在更极端的低温条件下，可用麻布包裹，或将土、稻草、枯叶堆在茎基部周围起到保温作用。盆栽月季极易受到低温的影响，可将其放在没有暖气的车库或棚屋里过冬。

①"半高"（Half Standards）、"四分高"（Quarter Standards）是苗圃对树状月季规格的分类方式，主要依据树状月季砧木的高度进行划分。其中"半高"规格的砧木高度约为0.75米，"四分高"规格的约为0.5米。

②USDA耐寒区划分系统：最早由美国农业部（USDA）提出，按长期的年均极端最低温度定义了13个耐寒性分区（详见第249页）。分区的数值表明了该植物的耐寒程度，数值越大，表明该植物的耐寒能力越弱。

托斯卡纳的阳光

在位于意大利托斯卡纳的博尔戈圣彼得罗别墅酒店（Borgo Santo Pietro）的月季园里，种植有白色的**温彻斯特大教堂**（'Winchester Cathedral'）和暗紫色的**王子**（'The Prince'），每个月季花坛四周还种有低矮的黄杨绿篱。

半阴处

　　当某些月季品种被划归为"耐阴品种"时，这并不代表它们能够完全适应无阳光直射的生长环境。这些品种每天仅需要4个小时直射光就能健康生长，因此大多数园丁会认为这属于耐"半阴"。这为品种选择提供了更多可能性，特别是在城市小花园中——一天中的绝大部分时间，阳光几乎不可避免地被周围的建筑或树木遮挡，紧凑的株距意味着植物之间相互遮挡。而耐阴品种的月季可以在北露台或朝北的墙壁栅栏处栽培，只要东西方向没有明显遮挡。

一般来说，像**重瓣白蔷薇**（'Alba Maxima'）、**伊斯法罕**和**塞斯亚娜**（'Celsiana'）这样的一季花品种，比重复开花的品种更耐阴。尽管也有许多相对耐阴的多季花品种可供选择，但由于叶片在阴处持续面对高相对湿度的环境，往往更容易发生病害，所以重点是选择抗病性强的品种，如**奥利维亚**和**生活乐趣**（'Joie de Vivre'）。

任何容易长出长枝的品种都有很强的向光性，并不适合种在阴暗处。而像**邱园**（'Kew Gardens'）和**伯尼卡**之类的灌丛型品种，在半阴处的效果很好，尤其当你想在树下种植月季时。另外，若在树荫下栽培蔓性月季品种，植株则会被光线吸引而爬上树顶，直至其枝梢可以触及阳光。

层次感

这个混合花境以月季为主题，品种包括**弗利西亚**（'Felicia'）、**曼斯特德伍德**（'Munstead Wood'）和**格特鲁德·杰基尔**，在不同高度的石墙上交错种植，极具层次之美。

回归自然

许多现代月季，以及由野生蔷薇培育出来的品种，都具有野性之美，可作为原生态花园中的一大特色。

原生态花园

正如那些杂草丛生却别有浪漫风情的别墅花园，那里月季与芍药、飞燕草和滨菊等广受欢迎的经典观赏植物被混种在一起，拱门及墙壁上覆盖着蔓性月季和忍冬，观赏草与大型灌木月季的搭配极具现代感。这些都能够让花园风格更具野性和自然感。

要想打造一座原生态花园，里面种植的所有植物至少应包含一些野性的特征。实现这一目标最简单的方法是种植野生蔷薇（见第64页），以及你想搭配的任何多年生植物和花灌木的原生种。然而，有些种类很难获得，它们生命力很强，而且长势粗犷随意、不受控制。例如，多数野生蔷薇株形高而宽大，横向冠幅和垂直高度都能超过2米。对于一个较小的花园来说，解决这一问题的诀窍是选择一些野生种的杂交品种，这些品种看起来很像野生种，对野生动物有很强的吸引力，长势较弱且株形略小，有的品种甚至可以重复开花。符合这些特性的优秀品种有**路波**（'Lupo'）、**芭蕾舞女、晨雾、芬芳地毯**（'Scented Carpet'）、**舞台中央**（'Center Stage'）、**斯卡布罗萨**（'Scabrosa'）和**哈斯特鲁普夫人**（'Fru Dagmar Hastrup'）。

半重瓣品种同样适合种在原生态花园里，只要它们可以保持自由的、灌丛状且呈拱形的株形，且颜色不必过于鲜艳。最适合的是一季花品种，如**半重瓣**白蔷薇、**塞斯亚娜、药用法国蔷薇**（'Officinalis'）和**条纹法国蔷薇**（*R. gallica* 'Versicolor'，又称**罗莎曼迪**）。你也可以选择一些重复开花的品种，特别是杂交麝香蔷薇品种，如**佩内洛普、浮华**（尽管色彩可能略显偏亮）和**特里尔**（'Trier'），以上品种均为大型灌木，或者你也可以考虑浅黄色的**破晓**（'Daybreak'）和**卡利斯托**（'Callisto'），它们要矮小得多。

一些英国月季品种也可种植于这种类型的花园，如**斯卡布罗集市、绯红夫人**（'The Lady's Blush'）、**云雀**（'Skylark'，半重瓣、中度粉色花）和**香槟伯爵**（'Comte de Champagne'）。类似的现代月季品种还有**克莱尔·马丁、花之岛**和**粉色走鹃**（'Pink Roadrunner'）。上述品种可与其他野生或具有野性的植物搭配，但你需要对它们多一点照顾和关注，如果任杂草在其周围肆意生长，月季的长势就可能会受到影响。

若你有足够的空间，可以让蔓性月季在无支撑的条件下自由生长，形成壮观的花瀑。其枝条会向两侧扩展呈拱形，以促进更多的花朵开放，并结出丰硕的秋实。在种植之前，你要先清除区域的多年生杂草，包括蓟属、荨麻属、旋花属和酸模属杂草，否则待日后月季枝条密布丛生时再清除，就会变得非常麻烦。

为了增加高度，你可架设一个高1.5—2米的三角形或方形支架，引导枝条攀上支架并形成拱形。合适的品种有**弗朗西斯·莱斯特**、**奥尔良花环**、**校长**（'Rambling Rector'）、**大花小姐妹**（'Polyantha Grandiflora'），以及长势相对较弱（可重复开花）的**莱克夫人**和**自由飞翔**。

草地搭配

姗姗而来（'Tottering by-Gently'）柔和的黄色花朵与滨菊搭配种植在一起。

自然野性

　　在位于英国格洛斯特郡的洛克克利夫花园（Rockcliffe Garden）的这片野花草甸上，月季**樱桃花束**（'Cerise Bouquet'）长长的拱形枝条上繁花盛开，令人叹为观止。

草地上的蔷薇

若你想参照自然草甸来规划花园的种植方案，那些野生种蔷薇就是很好的补充材料，既可以用作边界绿篱（见第34—35页），也可培植成花丘或花瀑的形式，正如那些野生种蔷薇在山地草甸自然生境中的状态。草甸上的草种之间的竞争对于野生种蔷薇反而有利，因为这抑制了野生蔷薇过度旺盛的长势，使其看起来更具美感。而且它们也更有可能在秋季收获累累的蔷薇果，以及绝美的秋色叶。

将每种蔷薇的潜在冠幅、高度、大小与草地的规格相匹配是很重要的。如果空间有限，如小于5平方米的空间，可选用相对矮小、紧凑的种类，密刺蔷薇、亮叶蔷薇和法国蔷薇都是不错的选择。若你有更大的空间，可以试试玫瑰、沼泽蔷薇、维吉尼亚蔷薇或伍兹蔷薇（*Rosa woodsii*）。当然，规格更大的草地的选择会更多，包括一些芹叶组的黄色系蔷薇，如黄蔷薇、艾卡蔷薇（*R. ecae*）和樱草蔷薇（*R. primula*）。此外，还有一些优秀的野生种杂交品种，包括**金丝雀**黄刺玫（*R. xanthina* 'Canary Bird'）、**剑桥蔷薇**（'Cantabrigiensis'）和**海德里蔷薇**（'Headleyensis'）。

还有许多白色、粉色和红色的大型野生种蔷薇可供选择。其中最著名的、在花园应用最广泛的可能是**天竺葵**（'Geranium'），它是华西蔷薇的后代，有鲜艳的红色花朵，蔷薇果大红色，梨形。刺梗蔷薇（*R. setipoda*）与扁刺蔷薇相似，浅粉红色的花朵大量绽放。虽然这些种类的果实很美观，却并不持久，往往在初冬便开始褪色和皱缩。同样原产中国的野生种还有西北蔷薇（*R. davidii*）和多苞蔷薇（*R. multibracteata*），它们都是大量开花、可靠且适应性强的种类，并且可结出丰硕的蔷薇果。特别值得关注的是绢毛蔷薇的一种变型——宽刺绢毛蔷薇（*R. sericea* f. *pteracantha*），它有硕大的鲜红色扁平皮刺，在阳光照耀下看起来非常壮观。该品种每年都需要重剪，因为这些皮刺仅出现在当年生小枝上。缫丝花（*R. roxburghii*）花果俱美，是一种优良灌木。

一些产自北美洲和欧洲的种类可在草地上长成优美的大灌木，绽放各类粉色的花朵，蔷薇果与中国野生种相比能保存更长时间，有时甚至能经冬不落。加州蔷薇和努特卡蔷薇（*R. nutkana*）来自北美洲，而柔毛蔷薇（*R. villosa*）、锈红蔷薇和犬蔷薇原产于欧洲。还有一些优秀的野生种杂交品种，它们保留了野生种的形态，可在草地上健康生长。如犬蔷薇系的西伯尼卡蔷薇（*R.* × *hibernica*）、法国蔷薇系的**猩红火焰**（'Scarlet Fire'），以及"春日"（Frühlings）系列，包括密刺蔷薇系品种**金色春日**（'Frühlingsgold'）。

许多单瓣或复瓣、株形富有野性的园艺栽培品种同样可供选择。**半重瓣白蔷**

薇是一种特别坚韧且适应性强的品种，不愧为最佳选择之一。**紫罗兰/瓦蕾莎法国蔷薇**（'Violacea'）的花朵大小适中，引人注目，呈深紫色，但遗憾的是它几乎不结蔷薇果。**曲折法国蔷薇**（'Complicata'）更具现代风格，最早出现在20世纪初，它可与野外环境融为一体，粉红色的花朵凋谢后就能迎来一波大而圆润的果实。在可重复开花的品种中，**托普琳娜**（'Topolina'）、**姗姗而来**和**绯红夫人**都能很好地融入环境中，而且足够强悍，能适应各类种植条件，不过它们可能需要更多的关注和照顾，如维持植株周围的空间通畅，并铺上覆盖物。

吸引野生动物

月季的花期很长，很多品种在秋冬季会结出鲜艳的果实，是吸引野生动物进入花园的最佳方式，可引来蜜蜂、食蚜蝇、小型哺乳动物和鸟类。

各种各样的昆虫都喜欢"拜访"月季的花朵。尽管月季花缺乏花蜜，但花粉营养丰富，富含蛋白质、碳水化合物、脂类和维生素。蜂类（如蜜蜂、木蜂和熊蜂）会将花粉带回巢穴喂养幼虫，而其他昆虫（包括食蚜蝇和多数甲虫）则喜爱美味的花粉。

轻轻掰开花瓣，看看花朵中央花蕊的分布情况，你可以很容易判断半重瓣或重瓣品种对授粉者的潜在价值和它们的兴趣。如果有大而优质的

冬季盛宴

月季结出的鲜红的果实在冬季其他食物资源匮乏的时期为鸟类提供了重要的食物来源。

雄蕊，花粉就很可能被昆虫采集或吃掉。当昆虫认为这种努力是值得的，它们就愿意在花瓣之间狭小的缝隙里穿梭。例如，**夏洛特夫人**的花朵重瓣程度不高，昆虫很容易钻入雄蕊群。而在极度重瓣且非常饱满的花朵中，雄蕊群瓣化成了小花瓣，因此对昆虫没有价值。如果你的目标是吸引野生动物，避免使用这些品种。

蔷薇果对野生动物有着巨大的价值。它们有各种不同的形状、大小和颜色，有些种类的果实在成熟后只能维持几周，也有某些种类的果实经冬不落，这意味着你可以从仲夏［绢毛蔷薇和腺果蔷薇（*Rosa fedtschenkoana*）］到第二年春天［**格劳斯**（'Grouse'）、**帕特里奇**（'Partridge'）和**大花小姐妹**］都能看到大量果实。伯尼卡和**慷慨的园丁**（'The Generous Gardener'）很特别，这些品种相较于同类大多数品种的花瓣更多，但也能结出一串串果实。在屋前栽种一株果实经久不落的品种，可以让你享受观鸟的乐趣。

野生种蔷薇和蔓性月季兼具盛放的花朵和累累的硕果，是吸引野生动物的不二之选。特别是蔓性月季，在花朵和果实数量上堪称无与伦比。**凯菲斯盖特**腺梗蔷薇（*Rosa filipes* 'Kiftsgate'）或**弗朗西斯·莱斯特**的成熟植株会盛开巨量的花朵，结出同样丰硕的果实。这些果实简直是鸟类的最爱，因为果实的大小适中，鸟儿可以一个个啄下来享用美味，而成熟蔓性月季的庞大植株可为鸟类提供远离地面的荫蔽和栖息场所。玫瑰及其杂交品种会产生许多晶莹剔透且大而多汁的美味

蜜蜂喜爱的花朵

熊蜂很容易从蔓性月季**金雀**（'Goldfinch'）盛开的花朵采集花粉。

秋收冬藏

　　锈红蔷薇的猩红色果实，与深红色的山楂果和成熟的黑莓果搭配在一起，为鸟类提供了秋冬季宝贵的食物来源。

果实，是鸟类和小型哺乳动物的美味佳肴。

　　所有留在枝条上没有被吃掉的蔷薇果最终都会脱落，或在修剪时被摘掉。把这些残存的果子留在地上，它们会成为地表生物的良好食物来源，无论是哺乳动物还是无脊椎动物。如果这些果子没有顺利出芽长成幼苗的话，就会被真菌和土壤中的其他分解者分解成有机物。

　　一个成功的野生动物花园可为各种哺乳动物、鸟类和昆虫提供充足的庇护场所。在一个狭小的空间里，比如花园边缘的围栏上，你可以栽种更为茂密的蔷薇，也可以更随意地修剪它们，这样它们就会变得更加茂盛。更好的选择是设计混合树篱，你可以将更具野性的种类，如锈红蔷薇或红叶蔷薇（*Rosa glauca*），与其他对野生动物有吸引力的灌木和攀缘植物进行组合，如忍冬、黑刺李、山楂和栓皮槭。如果空间足够，蔷薇灌丛或花丘（见第53页）也是绝佳的选择。

　　除了采食花粉的昆虫和食用蔷薇果的各种生物外，月季还经常受到某些"不速之客"的喜爱，如吸食汁液的蚜虫、食用叶片的蜂类、甲虫和毛虫，有时还有钻入枝条的蛀干害虫。虽然这些生物都会对月季植株造成伤害，但它们也是其他动物的食物来源。蚜虫就是一个典型的例子，它以惊人的速度大量繁殖，但很多益虫和鸟类很乐意将它们消灭殆尽。事实上，蚜虫是花园生态系统的重要组成部分，这就是非必要不使用杀虫剂或任何其他手段进行人工干预的原因。

"仔细观察切叶蜂留下的痕迹，那近乎完美的叶片切口宛若神来之笔。"

月季玫瑰的类型

月季的
前世今生

如今的月季在花形、花色、株形和香味方面千变万化，大多数是在过去200年间发展起来的。

最早的陆生植物在大约5亿年前开始出现，但亚洲发现的化石表明，直到约距今3500万年前的始新世时期，蔷薇属类群才首次发生演化和形成分支。在科罗拉多州和俄勒冈州发现的化石被鉴定为疑似努特卡蔷薇和沼泽蔷薇，如今二者在北美地区仍然分布广泛。全球现有约150种野生蔷薇属植物，但其中仅有8种被用来开发和选育市面上成千上万的现代庭院月季品种。

最初，几乎所有的新品种都源于花园里不同品种间开放授粉与偶然杂交的结果，或是现有品种的变异。在18世纪至19世纪初，月季育种者开始制订大规模的育种计划，他们每年选育超过10万株幼苗，甚至可与今天的育种家相媲美。然而，当时的品种依旧来自蜜蜂在连续"拜访"不同花朵时产生的偶然杂交。直到19世纪中叶，品种间的杂交选育工作才开始有了明确的育种目标和计划。英国园艺师威廉·保罗（William Paul）是早期的月季育种家之一，不过他认为整个过程过于烦琐、周期长且耗费精力，因此一段时间后他放弃了对杂交亲本的记录。

这种新式的、更科学的育种方式由法国里昂的弗朗索瓦·拉夏尔梅（François Lacharme）和英国人亨利·贝内特［Henry Bennett，他最知名的品种是**约翰·莱恩夫人**（'Mrs. John Laing'）］推广开来。前者育成的唯一知名的品种是**普朗夫人**（'Madame Plantier'，见第175页），后者是来自威尔特郡的养牛人，他有一套严格的月季杂交育种

一眼百年

这3个代表性品种呈现了从古典蔷薇到现代月季的变化：从近于野生种的古典蔷薇品种（左），到早期的古典蔷薇杂交品种（中），再到现代月季杂交品种（右）。

药用法国蔷薇（'Officinalis'）

总统的总督（'Président de Sèze'）

香气魔法（'Royal William'）

形式多样
　　英国莫蒂斯蒙特修道院（Mottisfont Abbey）的古典玫瑰园中的树状月季、蔓性月季和灌木月季。

计划，旨在培育更好的后代。他建立了当时最先进的栽培温室，并配备加温设施，并于1879年推出了10个茶月季的杂交品系，随后在1890年被重新定义为杂交茶香月季。尽管亲本仍不确定，但第一个公认的杂交茶香月季品种**法兰西**（'La France'，又名**天地开**）是由法国吉洛特家族的让-巴蒂斯特·吉洛特（Jean-Baptiste Guillot）育成的，于1867年推出。

　　自此之后，月季育种逐渐变得复杂起来，尽管多数情况下的基本操作大致相同：用小刀或剪刀采集雄蕊，用授粉笔涂抹花粉。计算机技术的应用为确定最佳亲本杂交提供了极大的便利。每年，规模化的育种者要进行10万次以上的杂交组合，使用超过100种不同的亲本，产生数十万粒种子。获得的幼苗经过连续数年的田间试验后，才能最终决定推广哪些品种。从杂交选育到推向市场，整个过程往往需要近十年时间。在每个阶段都做好详细的记录对选育更好的品种至关重要。创造出具有特异性、一致性、稳定性，且性状优于双亲的新品种的机会极小，当有市场前途的新品种被发现时，品种苗需要从最初的一株扩繁到足以向市场推广的数量。

野生蔷薇及其杂交种

野生蔷薇具有最简洁质朴的花朵。它们充满个性，在各种条件下都能茁壮成长，尽管多数种类需要足够的空间才能发挥其最佳效果。

野生蔷薇原产于赤道以北的北半球地区，从北美洲到欧洲、北非和亚洲。种类大约超过150种，其中绝大部分原产于亚洲（同一物种内的变种与变型，以及不同物种之间的种间杂交，导致蔷薇属的准确物种数目很难确定）。例如，有些物种可以进行无性繁殖，并能产生花色、叶色等形态特征存在明显差异的不同群体。因此，植物学家对于是否将其视为单一物种或多个不同变种或变型的问题看法不一。

绝大多数野生蔷薇的花朵以粉红色或白色为主，个别种类为红色或黄色。除了芹叶组四数花系（单朵花仅有4枚花瓣）的种类外，其余种类每花均有5枚花瓣。不同种类的香味类型和浓烈程度各不相同，生长习性和高度同样如此。其中密刺蔷薇是最矮的野生种之一，生长于沙地且有强风的环境中，只有大约15厘米高。相比之下，一些原产于亚洲温暖地区的大型攀缘种类可达大约15米，甚至可攀至大型乔木的顶端。

多数野生蔷薇为一季花。但也有例外，如玫瑰、硕苞蔷薇（Rosa bracteata）和腺果蔷薇。野生蔷薇的果实在大小、形状和颜色方面多种多样。有些可以保持数月之久，而有的种类成熟后便立即脱落。

一些野生蔷薇很适合种植在花园里，如华西蔷薇、缫丝花和红叶蔷薇，它们在草堆或树旁生长，有良好的整体效果。它们几乎无须维护，也不用修剪。当然，所有种类都是野生动物的好帮手，为它们提供花粉、果实和庇护场所。

玫瑰

玫瑰是最有价值的野生蔷薇类群之一，原产于日本北部、朝鲜、中国东北部和西伯利亚的沿海地区，因此非常耐寒，能在海滨的盐碱环境中生长。并且玫瑰几乎没有病害侵扰，能够适应贫瘠的土壤。它的香味很浓，与老玫瑰的香味几乎完全一致。它还具有野生蔷薇中罕见的重复开花能力，花后会有大而饱满的果实。因此，它被广泛用于

红叶蔷薇（Rosa glauca）

硕苞蔷薇（Rosa bracteata）

剑桥蔷薇（左侧黄色的花朵）搭配球型造型树，周围开满了峨参和勿忘我等星星点点的小花。

育种计划中。

　　玫瑰系优秀的杂交品种同亲本一样坚韧耐寒，无论炎热还是凉爽的夏天都能健康生长，花朵从单瓣到完全重瓣不等。绝大多数品种为粉色、白色和紫色，其中上佳的品种是**汉莎**（'Hansa'，见第147页）、**莱伊城玫瑰园**（'Roseraie de l'Haÿ'）和**库拜重瓣白**（'Blanche Double de Coubert'）。但也有少量杏色或黄色的品种，如**艾格**（'Agnes'）。某些杂交品种也有硕大的果实。不幸的是，有些品种的抗病性（尤其是锈病）却不及原始的玫瑰。大多数品种是大灌木，可达大约2米或更高，但近年来也有一些小灌木品种推出，高度不到1米。

密刺蔷薇

　　密刺蔷薇是一种极其坚韧的野生种，原产于冰岛，现遍布欧亚大陆，甚至在北非也有分布。它还有许多异名，又称苏格兰蔷薇或地榆叶蔷薇。通常可以在海边滩涂发现它，在那里高度不超过15厘米，不过在更好的条件下

莱伊城玫瑰园（'Roseraie de l'Haÿ'）

威廉三世（*Rosa spinosissima* 'William Ⅲ'）

它可以长到约1米高。这种蔷薇密布枝刺，叶子很小，白色的小花开得很早，并伴随着可爱且独特的铃兰芬芳，随后会结出黑色的圆球形果实，而且有华丽的秋色叶。

在19世纪上半叶，密刺蔷薇中有数以百计的变型和杂交品种被选育和推广。虽然几乎所有种类的花朵都很小，但它们的花瓣数量各不相同，从5枚［十分精致的**邓尼奇蔷薇**（'Dunwich Rose'）］到数十枚（重瓣、白花变型）不等，颜色有白色、粉色［**安德鲁斯蔷薇**（'Andrewsii'）］、紫色［**威廉三世**（'William Ⅲ'）］、黄色［**威廉姆斯重瓣黄**（*R.* × *harrisonii* 'Williams' Double Yellow'）］，以及表里双色品［**单瓣樱桃**（'Single Cherry'）］和复色［**大理石粉**（'Marbled Pink'）］。

除了**斯坦威尔永恒**（'Stanwell Perpetual'）外，多数密刺蔷薇的老品种都不能重复开花，**斯坦威尔永恒**是一个精美的品种，花朵大且极度重瓣，香味浓郁。近年来，密刺蔷薇被重新重视起来，培育并推出了一系列可重复开花的品种，如**织工马南**（'Silas Marner'，见第157页）和**彼得·博伊德**（'Peter Boyd'），这两个品种是以专注于研究密刺蔷薇的权威专家的名字命名的。

"密刺蔷薇非常坚韧，在野外的沙地上都可见其生长。"

古典蔷薇

多数欧洲古典蔷薇每年仅有一次壮观的花期，花朵极度重瓣，多数品种有浓郁的"老玫瑰香"——最纯正的玫瑰香型。

法国蔷薇

法国蔷薇是庭院栽培的园艺蔷薇中最古老的类群之一。由此可见，这些品种源自法国蔷薇原始种，一种原产于欧洲南部和中部，株形矮小，且具有根蘖分生能力的野生蔷薇，花色从浅粉到红色不等，伴随着浓烈的芬芳。其杂交品种的特点是叶色较深，有时枝条近乎无刺，花色多为中等粉色至紫色，有些品种的花瓣具有奇妙的条纹色彩。绝大多数法国蔷薇品种都有着美妙的芳香。

最古老的法国蔷薇可能是最早的栽培种——**药用法国蔷薇**，从中世纪起在法国一带盛行，是一种重要的经济作物，因其在药用、烹饪和化妆品加工等方面有较高的应用价值而被广泛栽培。**条纹法国蔷薇**是该种的条纹花色芽变（自发的基因突变），可追溯至16世纪。

大多数法国蔷薇品种是于19世纪在法国培育的，经典品种如**超级托斯卡尼**（'Tuscany Superb'）、**查尔斯·德·米尔斯**（'Charles de Mills'，见第195页）、**总统的总管**（'Président de Sèze'）和**伊普西兰特**（'Ipsilanté'，见第113页）。这些品种生性坚韧、适应性强，而且长势较快，可用于混合花境，但有些品种容易抽生大量根蘖。

查尔斯·德·米尔斯（'Charles de Mills'）

塞斯亚娜（'Celsiana'）

大马士革蔷薇

　　大马士革蔷薇又称突厥蔷薇、大马士革玫瑰，与法国蔷薇和白蔷薇同属欧洲古典蔷薇大类。本类群多为一季花品种，但也有例外。这类品种往往很容易与法国蔷薇品种区分开来，其株形较松散，茎上布满皮刺，叶色较浅，花朵呈白色或较浅的粉红色，通常比法国蔷薇的香味更浓郁、迷人。市面上常见的大马士革玫瑰精油正是从这类品种［通常是**卡赞勒克**（'Kazanlik'）］中蒸馏出来的。

　　尽管大马士革蔷薇的起源是个谜，但DNA序列分析的结果表明了大马士革蔷薇的三重起源：法国蔷薇、麝香蔷薇和腺果蔷薇。来自法国蔷薇的花粉使麝香蔷薇的胚珠受精，二者种间杂交产生了蔷薇幼苗，而这株幼苗成熟后再度充当母本，接受了父本腺果蔷薇的花粉。虽然这些野生蔷薇通常可以相互杂交，但问题在于这三种蔷薇首先如何同时出现在一个地方，它们并非原产于同一地区，也许这一切都发生在某人的花园里。

　　秋大马士革（'Quatre Saisons'）是唯一一种可重复开花的欧洲古典蔷薇，它可能就是传说中古希腊和古罗马时期栽培的常开蔷薇（见第8—11页）。很多大马士革蔷薇品种有着一年一度的惊艳花期，包括**哈迪夫人**（'Madame Hardy'，见第110页）、**伊斯法罕**（见第146页）和**塞斯亚娜**。

"在全世界大约150种野生蔷薇中，大约仅有8种被广泛用于培育我们今天看到的现代庭院月季。"

半重瓣白蔷薇（*Rosa × alba* 'Alba Semiplena'）

赛木槿（'Fantin-Latour'）

白蔷薇

白蔷薇也许是三类古典蔷薇中最独特的，叶片灰绿色，植株结实且直立，花为白色或淡粉色，其中许多品种都有着绝佳的香味。**半重瓣**白蔷薇可能是最早在花园中栽培的蔷薇品种之一，可追溯至古罗马时期。它不仅能结出丰硕的果实，花朵和香味也同样十分迷人。

DNA序列分析表明白蔷薇源自法国蔷薇和犬蔷薇的杂交。本类品种适应性强，能在多年无人管理的恶劣环境中生存下来。这类品种最适合在阴凉处生长，与其他植物构成精致的景观。多数品种都是在19世纪培育出来的，其中表现最好的品种有**重瓣**白蔷薇、**丹麦女王**（'Königin von Dänemark'，见第149页）和**少女腮红**（'Great Maiden's Blush'，见第115页）。

百叶蔷薇

在一季花古典蔷薇品系中，百叶蔷薇也许是最不值得在花园中栽培的。它们的株形往往难以管理，花朵太重容易垂头，抗病性也不算优秀。但也有适合花园栽培的例外，如百叶蔷薇（*Rosa × centifolia*）原变种和**赛木槿**（'Fantin-Latour'）都有大而优美的花朵。这类品种的香味变化多端，有些品种有着近乎完美的香味。

百叶蔷薇的历史最早可追溯到16世纪末，可能源于荷兰的法国蔷薇和大马士革蔷薇的杂交。早期的百叶蔷薇是当时在荷兰与佛兰德斯花卉写实绘画的"常客"。它有时也被称为"包心玫瑰"，旧时的草药学家则称之为"蔷薇皇后"。有的百叶蔷薇品种源自非同寻常的芽变——微型百叶品种，如**德米奥克斯**（'De Meaux'）；有的品种花蕾像极了拿破仑的双角帽，如**凤冠**百叶蔷薇（'Cristata'），又称**拿破仑的帽子**（'Chapeau de Napoléon'）；还有最著名的芽变——苔蔷薇。

苔蔷薇

这些古典蔷薇的特点是花蕾周围布满苔藓状的组织，在某些情况下"苔藓"还会沿着茎端生长。用手揉搓会产生黏性，伴有美妙的树脂气味。这种"苔藓"最初发现于大马士革蔷薇或百叶蔷薇的芽变，前者产生的"苔藓"呈棕色，后者则为绿色。该品种首次发现于17世纪中期的法国，可能就是如今被称为**原始苔蔷薇**（*Rosa × centifolia* 'Muscosa' 或 'Old Pink Moss'）的品种。到19世纪中期，很多育种家，特别是法国的菲利普-维克多·维迪埃（Philippe-Victor Verdier）陆续培育出了很多新品种，受到当时人们的广泛喜爱。

从它们的亲本线可知，苔蔷薇是一个混杂的古典蔷薇类群，可能源于大马士革蔷薇或百叶蔷薇。这类品种大多数仅有一季花，但部分源自和中国月季（见第72页）杂交的品种具有较好的重复开花性，**绸缎**（'Mousseline'）是其中最好的。不幸的是，苔蔷薇品种的抗病性普遍一般。多数是粉色花，少数为白色、紫色或条纹色。其中色调最深的是株形矮小、紧凑且直立的**青年人之夜**（'Nuits de Young'）。**威廉·洛博**（'William Lobb'，见第161页）的花色较浅，生命力极强，可作为藤本种植，它的紫红色花会褪成淡紫色，最后几乎变成灰色。

威廉·洛博（'William Lobb'）

重复开花的古老月季

这些月季最早起源于中国，有些品种在生长期间开花不断。颜色包括杏色和黄色，并且有各种各样的香味。

中国月季

在中国月季品种引入西方之前，中国月季的种植和栽培就已历史悠久。例如，**月月粉**或**帕氏中国粉**月季（'Old Blush China'，也称为'Parson's Pink'，现在的通用名为 *Rosa × odorata* 'Pallida'），在中国及日本可能至少栽培了近千年之久，因其可连续开花，深受世人所喜爱。它可能是在18世纪中期最早引入欧洲的两种中国月季之一；另一种是**月月红**，又称**斯氏猩红**月季（'Slater's Crimson'，现在的通用名称为 *R. chinensis* 'Semperflorens'）。之后相继引入欧洲的中国月季品种还有**粉晕**香水月季，又称**休氏粉晕**香水月季（*R. × odorata* 'Hume's Blush Tea—scented China'），引种于1809年，还有**淡黄**香水月季，又称**帕氏淡黄**香水月季（'Parks' Yellow China'），引种于1824年。

在上述"中国月季四大老种"引入欧洲的基础上，更多的中国月季系列品种被选育出来（主要来自法国育种家）。本类群最大的特点是植株形态具有飘逸的美感，有单瓣、复瓣或较松散的重瓣花，大多

黄蝴蝶香水月季（*R. × odorata* 'Mutabilis'）

露易斯·欧迪（'Louise Odier'）

是以白色、粉色和红色为主的色调。不过，在早期古老杂交品种中，人们首次在**黄蝴蝶香水月季**（见第178页）和**杜凯拉伯爵夫人**（'Comtesse du Cayla'）的花朵中看到了柔和的黄色和杏色。

如果种植环境温暖，一些中国月季品种可全年开花，如伦敦切尔西药用植物园（Chelsea Physic Garden）栽种的**单瓣猩红月月红**（R. × odorata 'Bengal Crimson'）。

波旁月季

当中国月季首次抵达欧洲数年后，在位于印度洋的法属波旁岛（现称法属留尼汪岛）上，当地的农民并排种植**月月粉**和**秋大马士革**作为绿篱。偶然间，附近出现了一株与二者形态皆不同的植株，并被园艺师佩里雄先生（Monsieur Perichon）发现。他将种子送回法国，由此产生的子代因丰富的粉红色花朵和重复开花的能力而备受赞誉，并于1823年以**波旁岛玫瑰**（'Le Rosier de l'Île de Bourbon'）之名推向市场。

从此，该品种迅速流传开来，更多的新品种应运而生，形成了波旁月季品系。本类群几乎所有的品种都是粉红色花，少数是红色或白色，还有部分品种呈现条纹色。大多都具有强烈的香味，花瓣很多，很有古典蔷薇的风格，但你可以从它们的叶片形态和茎上看到现代月季的雏形，有时它们看起来甚至更接近现代杂交茶香月季。此外，几乎所有的品种都具有重复开花的能力。不幸的是，它们很容易遭受黑斑病、白粉病和锈病的侵袭。多数品种的花朵不耐雨淋，在雨中可能严重变形受损。**露易斯·欧迪**（'Louise Odier'）和**伊萨佩雷夫人**（'Madame Isaac Péreire'）可能是其中的两个顶级品种。

波特兰蔷薇（'Portlandica'）

费迪南·皮查德（'Ferdinand Pichard'）

波特兰蔷薇

波特兰蔷薇是一个经过选育的相对小众的品系，因其美丽、芳香、重复开花和良好的生长习性，非常值得在花园中占有一席之地。最早的**波特兰蔷薇**（又称'Portlandica' 'Paestana'或'Portland Crimson Monthly Rose'）至少可追溯至1783年。它可重复开花，有深粉色或浅红色的半重瓣花，可能是由**药用法国蔷薇**和**秋大马士革**杂交而来。波特兰蔷薇的株形相比大马士革蔷薇更直立、紧凑，花梗粗短。它们非常适合与其他植物搭配，用于规则式花园配景，甚至可作为绿篱。大多数波特兰蔷薇品种的花是粉红色，但也有一些花色很深的品种，如**靛蓝**（'Indigo'），而**大理石**（'Marbrée'）有深紫色的花朵，混以较浅的粉红色斑纹。此外，还有3个特别值得在花园中种植的品种——**雅克·卡地亚**（'Jacques Cartier'，见第144页）、**香堡伯爵**（'Comte de Chambord'，见第97页）和**雷士特玫瑰**（'Rose de Rescht'）。

杂交长春月季

杂交长春月季是各类古老蔷薇及月季杂交的结果，包括波特兰蔷薇、杂交中国蔷薇和波旁蔷薇。多数杂交长春月季品种是在19世纪末育成推广的，那时花展已成为一种潮流，而月季花朵最理想的状态即花蕾含苞待放与半开的阶段。大多数月季育种家只注重花朵形态的美丽，却忽视了植株形态的美观度和抗病性——他们通过高毒性的杀虫剂来维持他们的植株不受病虫害影响。因此，本系许多品种都是相当粗大的灌木或藤本，且抗病能力差。花朵有白色、粉色和红色等各种色调。**费迪南·皮查德**（'Ferdinand Pichard'）花朵有着粉红色和红色混合的条纹，**罗杰**（'Roger Lambelin'）红色的花朵镶嵌着白边。芳香四溢的**贾博士的纪念**（'Souvenir du Docteur Jamain'）的花色呈奇妙、浓郁的深红色，但花量有限，是一个稀疏、瘦长的藤本品种。**牡丹月季**（'Paul Neyron'）是月季中花朵最大的品种之一。**紫罗兰皇后**（'Reine des Violettes'）、**爱丁堡公爵**（'Duke of Edinburgh'）和**费迪南·皮查德**是本系列中非常优秀的3个品种。

茶月季

茶月季源自**粉晕香水月季**、**淡黄香水月季**与各种波旁月季和怒塞特蔷薇（Noisettes）的杂交，首个茶月季品种**亚当**（'Adam'）是在

1835年推出的。这类月季十分精致，可见杂交茶香月季的雏形，即高心的月季标准花形。那些花朵极度重瓣的品种看起来更像古典蔷薇，花瓣排列规整，如**马曼·科歇**（'Maman Cochet'，见第187页）和**德文郡**（'Devoniensis'）。该类品种最初被称为"茶香型中国月季"，因为花朵闻起来就像一包刚打开的新鲜茶叶。这种香味可以与其他香味混合，包括紫罗兰、小苍兰、康乃馨、柑橘、香蕉和樟叶等香型。

茶月季的花色变化很大，在当时的杂交月季中首次出现了纯正、丰富的黄色［**花园珍珠**（'Perle des Jardins'）］和杏色［**希灵顿夫人**（'Lady Hillingdon'）］。茶月季的植株大小也不尽相同，从小型灌木到高大藤本都有，成熟植株的高度受气候和土壤等环境因素的影响很大。它们喜欢高温，在温暖的地方几乎四季开花不断。而在相对凉爽的气候条件下，其长势和开花性大打折扣，表现就不太令人满意了。

小姐妹月季

小姐妹月季并非广为人知的主流月季品系，但其中也有一些精致可爱且值得一试的品种。通常情况下，它们矮小紧凑的灌木植株上开着小型、重瓣、白色或粉色的花朵。它们共同的父本是野蔷薇［*Rosa multiflora*，曾被称为小姐妹蔷薇（*R. polyantha*）］——一种长势极强的攀缘野生蔷薇，开单瓣且具有芳香的小白花，与大多数其他月季类群杂交亲和，可结实产生子代。第一个公认的小姐妹月季品种**雏菊**（'Pâquerette'），由法国吉洛家族的**让－巴蒂斯特·吉洛**（Jean-Baptiste Guillot）在1875年推出，其亲本背景可能包含**月月粉**。

其中，颜色鲜艳的品种包括**奥尔良玫瑰**（'Orléans Rose'），花开放时呈樱桃红色，花心则为白色。该品种不仅出现了众多芽变，包括深红色的**伊迪丝·卡维尔小姐**（'Miss Edith Cavell'），同时还是几乎所有的小姐妹月季和丰花月季品种的重要亲本。其他色彩鲜艳的小姐妹月季品种包括橙红色的**保罗·克朗佩尔**（'Paul Crampel'）和紫色的**法瑞克斯宝贝**（'Baby Faurax'）。大多数小姐妹月季品种没有香味，但也有例外，如**玛丽·帕维叶**（'Marie Pavié'，见第123页）。最著名的小姐妹月季是**塞西尔·布伦纳**（'Cécile Brunner'，见第216页），粉红色的花蕾很像完美的微型杂交茶香月季的花蕾形态。所有的小姐妹月季品种都具有优秀的重复开花能力，适合与混合花境中的其他植物相配。

藤本希灵顿夫人（'Climbing Lady Hillingdon'）

塞西尔·布伦纳（'Cécile Brunner'）

现代月季

从19世纪中期开始，科学育种方法的普及和广泛应用，丰富了月季品种的色彩与形态，可重复开花的品种成为主流。

杂交茶香月季

此类品种最初在19世纪60年代由茶月季（继承其花形特征）和杂交长春月季（继承其株形特征）杂交而成。早期品种无论是在含苞待放还是在花朵绽放时都十分美丽动人，它们的长势也相当旺盛。然而，育种家们只专注于使花朵和花形更加标准，即高心花形，所以不同品种的花朵全开时往往缺乏辨识度，并不是很有吸引力。

在当时，杂交茶香月季系列是整个月季界当之无愧的主角，色彩鲜艳，适合大量种植，而且由于当时人们滥用杀虫剂且不受法律法规的约束和限制，这些品种的健康状况并不良好。随着人们的审美及种植习惯的改变，园艺师们越来越注重品种本身良好的抗病性，它们便不再受到青睐了。最有名的杂交茶香月季品种是**和平**（‘Peace’），它于1945年推出，为20世纪40—50年代的月季流行做出了突出贡献，更成为随后许多品种的重要原始亲本。**温馨祝福**（‘Warm Wishes’）拥有高心花形与近乎完美的外轮花瓣排列，是另一个经典品种。

温馨祝福（‘Warm Wishes’）

冰山（'Iceberg'）

丰花月季

　　培育丰花月季系列的育种家们追求的是坚韧、耐寒的灌丛状月季，同时兼具丰富的色彩，而花形和香味并不那么重要。其中第一个品种是由丹麦的波尔森（D. T. Poulsen）选育的，他将丰花月季与杂交茶香月季进行杂交，并在1912年推出了**小红帽**（'Red Riding Hood'，又名'Rödhätte'）。直到第一次世界大战后，世界各地的其他育种家才加入选育丰花月季品种的行列中，丰花月季（起初被称为杂交小姐妹月季）才开始流行。随着人们审美的改变，丰花月季的单朵花越来越趋近于杂交茶香月季。**冰山**（见第185页）是举世闻名的丰花月季品种（严格来说，它属于杂交麝香蔷薇）。**号手**（'Trumpeter'）是20世纪70年代的经典丰花月季品种，拥有松散的重瓣花形，热烈的橙红色花朵璀璨夺目。

矮丛之美

　　鲜艳的粉红色露台月季与石灰岩小路的边缘融为一体。

"虽然小型月季品种可能会在混合花坛
中失去亮点，但如果在容器中栽植，它就可
以成为真正的关注点。"

露台月季

露台月季，有时称为大花微型月季或矮丛月季，介于丰花月季
和微型月季之间：高约60厘米，花朵直径约5厘米。植株和花朵的
大小都处于中间状态。它们开花自如，适合在花园种植或盆栽。它
们的亲本来源非常混杂，因此不同品种在花瓣数量和颜色上差别很
大。**母后**（'Queen Mother'）是最著名的品种之一，能开出浅粉色的
半重瓣花。**甜梦**（'Sweet Dream'）的花朵是饱满的桃粉色；**玛莲娜**
（'Marlena'）为大红色半重瓣花。

微型月季

它们是最小的月季类群 —— 通常高不到60厘米，花朵直径仅约
2.5厘米。虽然这些品种可以地栽，但盆栽效果最理想，这样更易于欣
赏它们处于最佳状态的花朵，部分品种甚至具有类似古老月季风格的
莲座状花形。最初的微型月季可能来自1800年前后的中国。尽管当时
人们培育了一些品种，但直到1918年微型月季才逐渐流行起来，一切
源于在瑞士人们重新发现了一种可反复开花的矮小月季，并将之命名
为小月季，又称**矮粉**或**微型月月粉**（'Rouletii'）。很快，许多新品种
在此基础上选育出来，包括西班牙的佩德罗·多特（Pedro Dot）培育
的**为你**（'Para Ti'，也叫 'Pour Toi'）。

来自美国加利福尼亚州的杰出月季育种家拉尔夫·穆尔（Ralph
Moore）在20世纪下半叶培育了很多微型月季品种，包括**星条旗**
（'Stars 'n' Stripes'）和**小情调**（'Little Flirt'）。在欧洲，这些品种大
多作为盆栽，包装成精美的礼品出售，但花朵保持期和植株寿命往往
很短暂。丹麦的波尔森家族开发了众多微型月季及露台月季品种，这
些品种很容易通过扦插繁殖，且能月月开花，实现了周年供应，并能
经受卡车长途运输的考验。

为你（'Pour Toi'）

79

杂交麝香蔷薇

大多数杂交麝香蔷薇品种有着中小型花朵，花色有白色、粉色、黄色及鹅黄色，并伴有果香和麝香的香味。其中最著名的品种有**佩内洛普**（见第107页）、**柯内莉亚**（'Cornelia'）、**菲利西亚**（'Felicia'，见第111页）以及**鹅黄美人**（'Buff Beauty'）——可长成高度及冠幅至少2米的大灌木，在温暖的气候条件下，甚至可长成结实的藤本月季。

20世纪初，热衷于展示生性娇弱的杂交长春月季（见第74页）的约瑟夫·彭伯顿（Joseph Pemberton）牧师决定尝试培育出更坚韧、更易栽培的品种。他以**特里尔**为初始亲本（一种大型灌木，开近乎单瓣且具有芳香的小型白色花朵），并将其与丰花月季、杂交茶香月季、茶月季和怒塞特蔷薇等品种杂交，上段提及的前3个品种均出自他的手。近年来，比利时的路易斯·伦斯（Louis Lens）利用小姐妹蔷薇和卵果蔷薇（*R. helenae*）的杂交后代，培育出矮小、重复开花、耐寒的灌木月季和蔓性月季，如**爱的花环**（'Guirlande d'Amour'，见第213页）和**西贝柳斯**。他的继任者鲁迪和安·韦勒（Rudy & Ann Velle）育成了一系列可爱、有香味且强健的品种，包括**卡罗琳的心**和**季节**（'Fil des Saisons'）。

花园必备的杂交麝香蔷薇

在两株欧洲椴树下，**佩内洛普**（右侧）柔和的杏粉色花蕾搭配盛开的白色花朵，与**杰乔伊**（'Just Joey'）更明亮的杏色花朵搭配在一起。

玫瑰花垫（'Rosy Cushion'）

现代灌木月季

这是一个庞杂的类群，涵盖了20—21世纪培育的各种品种，最初源于各种野生蔷薇与杂交茶香月季、丰花月季杂交。本类品种没有共同特点：花朵从小到大、花瓣数量从5枚到100多枚不等，香味从无到有再到浓香，株形有高有矮；有的品种可重复开花，有的一年仅有一次盛花期。但总的来说，多数是坚韧的品种，在不尽理想的环境下也能生长良好。

近年来，现代灌木月季的品质有了质的飞跃，出现了很多堪称优秀的花园植物品种。**金色春日**（'Frühlingsgold'）、**内华达州**（'Nevada'）和**玫瑰花垫**（'Rosy Cushion'）是理想的老品种。世界知名的德国资深月季育种家科德斯（Kordes）培育了许多优秀的新品种，如**柠檬汽水**（'Lemon Fizz'，见第126页）、**夏日回忆**（见第114页）和**花之岛**。这里必须提一下威尔·拉德勒（Will Radler）在美国育成的"绝代佳人"（Knock Out）系列。最早的**绝代佳人**在2000年推出，在北美洲已经售出数百万株。随后又推出了**粉色绝代佳人**（'Pink Knock Out'）、**红色重瓣绝代佳人**（'Double Knock Out'，见第166页）和**阳光绝代佳人**（'Sunny Knock Out'）。

格特鲁德·杰基尔（'Gertrude Jekyll'）

英国月季

英国月季是由英国育种家大卫·奥斯汀培育出来的，他始终致力于培育出集欧洲古典蔷薇的魅力和芬芳与现代月季的重复开花性和丰富色彩于一身的全新系列。他首先将古典蔷薇与多种杂交茶香月季和丰花月季杂交，诞生了一系列一季花品种，包括他在1961年培育的英国月季创始品种**康斯坦·斯普赖**（见第146页）。从此，奥斯汀的英国月季开始受到越来越多园丁的关注。1983年，他在切尔西花展上推出了3个品种——**玛丽·罗斯**（'Mary Rose'）、**遗产**（'Heritage'），及对后来英国月季新品种的选育做出巨大贡献的**格拉汉·托马斯**（'Graham Thomas'）（见第144页），获得了巨大的成功。英国月季不仅在英国流行，也开始风靡北美洲、欧洲，以及澳大利亚。

格特鲁德·杰基尔于1986年推出，具有相当浓郁的老玫瑰香，而较新的品种包括**罗尔德·达尔**（'Roald Dahl'，见第90、153页）、**加百列·欧克**（'Gabriel Oak'，见第100页）、**优丝塔夏·福爱**（见第109页）和**黛丝德蒙娜**（见第109、123页）。英国月季独特的整体美感、香味，以及不断提高的抗病性，助力它们走向更大的世界。在众多英国月季品种中，有许多藤本和重复开花的蔓性月季。

地被月季

这些紧贴地面的月季品种通常不超过50厘米高，植株的覆盖范围也有大有小。这些品种可以长成厚厚的"垫子"，可防止杂草穿过它们肆意生长。不过，杂草并不会被轻易阻挡，它们仍然可以快速蔓延，于是你不得不从多刺横生的月季枝条中除草，显然这并不是一件愉快的工作。

地被月季是一类花量大、株形矮、可造型的品种，适合在花园边界或路旁种植，也可以栽植在容器中，它们会沿栽培容器的边缘生长开花，成为亮点。本类品种花朵不大，通常在一年的多数时间里连续开花。有些品种，如**格劳斯**、**帕特里奇**和**红堡**（'Alexander von Humboldt'），会产生大量的果实。多数地被月季品种几乎没有香味，但也有一些例外，如**舞台中央**、**芬芳地毯**、**格劳斯**和**帕特里奇**。当花毯（Carpet）系列的第一个品种在1989年推出时，因其鲜艳的粉红色花朵和良好的长势，以及出售时配套的艳粉色花盆，赢得了市场的关注。它的培育者——德国的诺亚克（Noack）随后推出了一系列不同颜色的品种，其中**白色花毯**可能是最佳品种。

白色花毯（'Flower Carpet White'）

藤本月季

这是一类多变的品种，亲本来源各不相同，但都可作为藤本栽培，在高度、枝条硬度和重复开花性等方面因品种而异。

粉红怒塞特（'Blush Noisette'）

藤本卡罗琳·泰泰特夫人（'Climbing Madame Caroline Testout'）

怒塞特蔷薇

这是一类适合地中海气候（全年温和湿润）的绝佳攀缘品种。该类群的初始品种**钱普尼的粉色花束**（'Champney's Pink Cluster'）源于长势旺盛的藤本野生种——麝香蔷薇与月月粉的杂交后代。可能是在19世纪初位于美国南卡罗来纳州的约翰·钱普尼（John Champney）的花园里偶然发现的，当地一位名叫菲利普·怒塞特（Philippe Noisette）的园艺师采集了它的种子，从实生苗中筛选出一种较矮的、可连续开花的品种，将其命名为**粉红怒塞特**（'Blush Noisette'）。怒塞特蔷薇就是由此得名，并诞生了许多品种，多数花形松散或完全重瓣，中等大小，有多种颜色，通常伴随着甜美的香味。其中一些品种如**金梦**（'Rêve d'Or'）和**暮色**（'Crépuscule'，见第180页），花朵黄色或杏色，由**粉红怒塞特**与淡黄香水月季杂交而成。

卡里叶夫人（'Madame Alfred Carrière'，见第188页）可能是本系列最知名且最耐寒的品种。会开出胭脂粉色、浓香、大型杯状花，长势很强，需要足够的栽培空间。

藤本月季

尽管藤本月季的定义很明确——成熟植株的高度在2—10米的月季，但任何一个品种的株形与长势在很大程度上取决于气候和修剪方式。例如，某品种在气候较冷的地区呈灌木株形，而在温暖的环境下却很容易长成藤本植物。即便是在较凉爽的气候下，靠墙生长且很少修剪的灌状月季，也可通过牵引而攀缘生长。

多数藤本月季品种的共同点包括大花、枝条僵硬、生命力不强、重复开花，不过也有一些例外。藤本月季通常来自某一原始品种的芽变，归属于众多不同的类群，包括怒塞特蔷薇、杂交茶香月季、丰花月季、蔓性月季、英国月季、波旁月季、茶月季、中国月季以及杂交长春月季。因此品种之间的形态特征差异很大，包括不同大小的花朵、花瓣的数量、香味的类型、刺的数量、冬季耐寒性和生长活力。

它们绝对称得上是一类非常有观赏价值的植物，适合花园里的各种场景（详见第170—175页、188—193页、198—219页，有针对不同类型花园的推荐品种）。

蔓性月季

蔓性月季品种的特点是花朵较小、生长松散、不能重复开花。由于它们通常具有极强的生命力和长势，人们往往可利用蔓性月季的攀缘性令其攀上大树或棚架顶上，以借助它们柔软的枝条营造出花朵垂下成串的浪漫效果。某些长势稍弱的品种也可靠墙种植。

早期的蔓性月季的亲本主要来自藤本野生蔷薇，如光叶蔷薇、常绿蔷薇（R. sempervirens）、麝香蔷薇、田野蔷薇和野蔷薇等，及各种茶月季、杂交长春月季和杂交茶香月季，这些亲本造就了蔓性月季丰富多样的色系、花朵大小和香味类型。常绿蔷薇的叶色或多或少终年常绿，这一特殊性状传给了它的一些后代，特别是**幸福永远**（'Félicité Perpétue'）和华丽壮观的**奥尔良花环**。

如今，得益于现代月季育种，已有相当多可重复开花的蔓性月季品种面世，其中包括**莱克夫人**和**赫克斯花园**（'Gardens of Hex'）。这些品种通常长势较弱，因此可应用于花园，且更容易打理。

某些蔓性月季，特别是那些亲缘关系更接近野生蔷薇的大型品种，如**弗朗西斯·莱斯特**（见第215页）、**校长**（见第150、216页），以及**凯菲斯盖特**腺梗蔷薇（见第215页），会结出大量的橙色或红色蔷薇果，有些品种的果实甚至可以存续到冬季。

月季玫瑰品种图鉴

选择合适的月季品种

作为整个花园的主题和焦点，月季通常可以存活15—20年甚至更长时间。因此，寻找适合预期种植位置和栽培条件的品种是值得的。

寻找最有特点的月季品种，来打造你梦想中的玫瑰园 —— 也许是野生蔷薇的朵朵单瓣繁花和鲜亮的果实，也许是古老月季的浪漫与芬芳，抑或杂交茶香月季的标致美感。哪种色彩效果最好？是柔和色调之间的和谐过渡，还是充满对比的灵动色彩？

一定要选重复开花的品种吗？尽管许多月季品种的花期可从初夏一直持续到深秋。但一季花的品种往往充满魅力，也可以让你在整个秋冬时节体验硕果累累的喜悦 —— 如果它们没有被鸟儿吃掉的话。

选择合适的种植位置也是关键。如果土壤条件一般，或者每天仅有几小时的充足阳光，又或是紧靠一堵被太阳直接暴晒的墙，你就需要选择最适合这些情况的坚韧、抗病的品种。此外，选择大小合适的月季品种也很重要 —— 它应足够大到填补所栽种的位置，但又不至于大到你不得不时刻修剪以控制株形大小的程度。

如果有机会，你可以去实地观察那些月季品种在其他花园里的生长情况，这也是了解它们的最好方式。你也许会被某些月季品种的宣传照惊艳到，导致你想象中的整体效果非常完美。但如果它们实际的株形看起来并不美观，那么你可能需要搭配其他植物或品种来掩饰这些瑕疵了。又或者，你发现花朵的真实颜色并不是你想要的，但它的香味是如此诱人，以至于你想重新设计种植方案来突出它的优势。

选择月季品种

本章会详细展示适合不同场景的各类月季品种。有些品种在花卉市场很常见，有些却只能从专门的月季苗圃买到。我力求把那些我认为最能代表每个类别的品种列入其中，因此有部分品种会提及数次，如**格特鲁德·杰基尔**具有奇妙的老玫瑰香（见第146页），但它也是一个极好的矮型藤本品种，可以在墙边攀缘向上生长（见第213页）。

另外，许多品种的条目信息还包括了该品种首次注册时的原始名称（注册名），有助于追溯品种的育种者及来源。

月季爱好者的梦中花园

位于伦敦的一处私人花园里种植了许多月季品种，包括娜荷马（'Nahema'）和格特鲁德·杰基尔，覆盖了整个花架。

适合花境前景的品种

这是种植小型品种的绝佳位置，特别是那些具有美妙香味的月季品种。当月季种植在花境前景位置时，我们能够很容易近距离充分欣赏它们的美丽。较矮的品种在这里不会被掩盖，但适当打造出植株高低错落的变化可以增加景观整体的趣味性。

波塞冬（诺瓦利斯、蓝花诗人，'Poseidon'）

高度：约1.1米　宽度：约75厘米
开花性：重复开花　类型：丰花月季　香味：轻度果香
注册名：'KORfriedhar'　耐寒性：5—10区

这是一个令人印象深刻的品种，拥有非同寻常的色彩和大而美丽的花朵。多数丰花月季的花朵为中等大小，且花形相当松散，但该品种的花朵直径可达8—10厘米。其饱满的花瓣、丰富的薰衣草色调，总能在花园中给人留下深刻的第一印象。此外，该品种因生长强健而屡获殊荣。无论在规则式还是混合花境中，它都有出色表现。

罗尔德·达尔（'Roald Dahl'）

高度：约1米　宽度：约1米
开花性：重复开花　类型：英国月季　香味：中度茶香
注册名：'AUSowlish'　耐寒性：5—10区

一种株形精致且圆润的灌木，非常适合混合花境，也可用于规则式种植方案，或作为绿篱。初开时是浓郁的橙红色，然后逐渐绽开，呈现出球形的浅杏色花朵，花期长且开花不断。这是一个少刺品种，长势健康，惹人喜爱。

波塞冬（'Poseidon'）

罗尔德·达尔（'Roald Dahl'）

安妮·博林（'Anne Boleyn'）

斯卡布罗集市（'Scarborough Fair'）

斯卡布罗集市（'Scarborough Fair'）

高度：约1米　宽度：约1米

开花性：重复开花　类型：英国月季

香味：中度麝香混合老玫瑰香

注册名：'AUSoran'　耐寒性：5—11区

　　这是一个看似不起眼却十分精致美丽的品种，可形成圆润的灌丛，花朵点缀其中。胭脂粉色的花朵仅有约15枚花瓣，全开时花朵平展，露出中央的亮黄色雄蕊。它是混合花境前景的绝佳选择，其柔和的颜色可与其他任何颜色的花——甚至是黄色的花相配。香味中等强度，花瓣具有老玫瑰的芳香，而花蕊带有麝香味。

安妮·博林（'Anne Boleyn'）

高度：约1米　宽度：约1米

开花性：重复开花　类型：英国月季　香味：微香至中度香

注册名：'AUSecret'　耐寒性：5—11区

　　安妮·博林拥有典型英国月季的花形，但其株形更接近拱形，因而能保持较矮的高度，非常适合置于花境前景中。其柔和的粉红色至苹果色的花色，使它很容易与其他各种颜色的植物组合在一起。

魔力光辉（莫林纽克斯，'Molineux'）

高度：约1米　宽度：约75厘米

开花性：重复开花　类型：英国月季　香味：轻至中度茶香

注册名：'AUSmol'　耐寒性：6—11区

　　这是一个整齐且直立的品种，特别适合规则式花境。许多小花瓣排列成紧密的莲座状花形，开花不断，伴随着带有麝香基调的茶香。**魔力光辉**适合群植，可与其他植物混植，如荆芥（猫薄荷），也可作为前景以虚化月季本身直立的株形。此外，荆芥的色彩也可以起到良好的补充效果。

香妃（'Sweet Fragrance'）

高度：约1米　宽度：约60厘米

开花性：重复开花　类型：现代灌木月季　香味：浓郁甜香

注册名：'BAInce'　耐寒性：5—9区

　　该品种是美籍华裔育种家林彬的佳作，拥有众多优秀特性。中等大小的花朵，初开时呈现出经典杂交茶香月季的高心花形；随着花朵逐渐打开，雄蕊会露出。起初花朵呈丰富的珊瑚橘色，花瓣的底部呈黄色，然后逐渐变淡，蜕变成柔和的鲑鱼粉色。由于株形直立，它可作为优良切花。此外，该品种有着良好的耐寒性和抗病性。

魔力光辉（'Molineux'）

香妃（'Sweet Fragrance'）

气（'Chi'）

高度：约1米　宽度：约1.1米

开花性：重复开花　类型：灌木月季　香味：无

注册名：'BAIllim'　耐寒性：5—7区

　　来自林彬的又一杰作，他在选育健康、耐寒的月季品种方面取得了巨大进展，该品种（见右页图）来自**逸美**（Easy Elegance）系列月季。其纯正的红色花朵虽然不大，但完全重瓣，类似于古老月季，花瓣排列成优雅的莲座状。它开花不断，是一种株形紧凑的灌木，整体冠幅比株高略宽。

金太阳（'Rise 'n' Shine'）

高度：约60厘米　宽度：约30厘米

开花性：重复开花　类型：微型月季　香味：浓郁茶香

耐寒性：5—11区

　　金太阳由拉夫尔·穆尔（Ralph Moore）育成，并于1977年推出。作为一名伟大的创新者，他在月季育种领域开展了大量的杂交工作，并在此过程中引入了众多有价值的品种，尤其以微型月季育种而知名，该品种就是一个范例。值得一提的是，该品种的花朵有明显的香味，这在微型月季中十分罕见。花朵不大，通常单生，一开始是浓郁的黄色，随着时间的推移花色逐渐变浅。该品种非常适合盆栽，也可种植在花境边缘。植株整体非常健康。

奥斯卡·皮特森（'Oscar Peterson'）

高度：约1米　宽度：约60厘米

开花性：重复开花　类型：灌木月季　香味：无

注册名：'AAC333'　耐寒性：3—8区

　　同样来自**逸美**系列月季，本系列所有品种都结合了花量大、低维护这两大优势于一体。**奥斯卡·皮特森**的花朵很大，半重瓣花朵直径可达约10厘米，一开始是乳白色到柔和的黄色，但很快就变成明亮的白色。该品种诞生于加拿大，相当耐寒和健康。

大爱（深爱、挚爱，'Grande Amore'）

高度：约1.1米　宽度：约1米

开花性：重复开花　类型：杂交茶香月季　香味：淡香

注册名：'KORcoluma'　耐寒性：5—10区

　　它是非常健康的红色月季品种之一，健康的植株让它在欧洲屡获殊荣，并在2013年的波特兰月季节上被评为波特兰月季竞赛"最佳杂交茶香月季"。花朵是经典的杂交茶香月季花形，高心卷边的花朵在长而直立的花枝顶端绽放。非常适合作为切花赠与深爱之人 —— 将最珍贵的花朵剪下，送给心中独一无二的那个人。

气（'Chi'）

奥斯卡·皮特森（'Oscar Peterson'）

金太阳（'Rise 'n' Shine'）

大爱（'Grande Amore'）

适合花境中景的品种

许多月季品种都适合种植在花境的中间区域。因此，本章着重介绍约1.2—1.5米高的品种。当然，你也可以尝试通过适当修剪来调整植株高度。这些品种可与许多相近高度的多年生植物搭配出非常好的效果。

亚历山德拉公主（'Princess Alexandra of Kent'）

亚历山德拉公主（肯特公主，'Princess Alexandra of Kent'）

高度：约1.2米　宽度：约1.2米

开花性：重复开花　类型：英国月季　香味：浓郁茶香混合果香

注册名：'AUSmerchant'　耐寒性：5—11区

　　这是一个华丽绝美的品种，花朵大而芳香，极度重瓣。花蕾是粉红色的，带着一点点橙色调。花朵完全开放时是充满温暖、熠熠生辉的粉红色，花瓣背面则略显暗淡。每朵花大约有130枚花瓣，有一种非常强烈的香味，起初是茶香，但随着时间的推移，茶香被更多的柠檬果香所取代。该品种长势旺盛，略呈拱形，是一种精美的圆形灌木，无论是种在路旁还是盆栽都很合适，这样在赏花的同时也能闻香。它与其他植物混植也能获得良好的效果，特别是那些开蓝紫色花的植物。

夏洛特夫人（'Lady of Shalott'）

高度：约1.5米　宽度：约1.2米

开花性：重复开花　类型：英国月季　香味：中度到浓郁茶香

注册名：'AUSnyson'　耐寒性：5—11区

　　这是一个真正一流的品种，可以作为灌木或藤本栽培。花朵看上去是浓郁的杏色，但仔细观察会发现，花瓣的内侧呈鲑鱼粉色，而外侧是金黄色。松散的重瓣花意味着蜜蜂仍然可以进入花朵内部的雄蕊群。**夏洛特夫人**是当之无愧的"开花机器"，甚至直到年末也很少见它无花的时候。它坚韧可靠，株形略呈拱形，最适合种植在大型的花境中，可以与其他月季品种搭配，也可与多年生植物和花灌木混植。

香堡伯爵（'Comte de Chambord'）

高度：约1.2米　宽度：约1米

开花性：重复开花　类型：波特兰蔷薇　香味：浓郁老玫瑰香

耐寒性：5—11区

　　香堡伯爵是一种相当精致的古老月季，兼具重复开花和直立生长的优点。花朵是纯粹的、浓郁的粉红色，到花瓣外缘则逐渐变浅。它的香味堪称月季界的最佳典范，因此需要种植在容易靠近的地方以便闻香。尽管它不是非常健康的品种，但其他优点弥补了这一缺憾。

夏洛特夫人（'Lady of Shalott'）

香堡伯爵（'Comte de Chambord'）

比弗利（'Beverly Eleganza'）

高度：约1.2米　宽度：约1米

开花性：重复开花　类型：杂交茶香月季　香味：浓郁果香

注册名：'KORpauvio'　耐寒性：5—10区

　　这是一个非常值得种在花园里的品种，结合大而美丽的花朵与浓郁的花香于一身。花朵初开时呈现出经典的高心花形，但即便是完全打开时也能保持优美的一面。随着时间的推移，花朵中心的粉色略微变淡，形成精美的混合色调。它的浓郁果香堪称完美——开始呈柑橘香调，之后逐渐变成荔枝与白桃清香。

波莱罗（'Bolero'）

高度：约1.2米　宽度：约1米

开花性：重复开花　类型：丰花月季　香味：浓郁果香

注册名：'MEIdelweis'　耐寒性：5—10区

　　这是一个美丽、健康、多用途的品种。一般来说，丰花月季的花瓣不多，香味也不浓，但**波莱罗**在这两方面均能称得上优秀。它的香味令人陶醉，强烈的果香中混合了一点柠檬香蜂草的调子。花瓣超过100枚，花朵大而饱满，看起来更像古老月季。无论是在规则式还是自由式花境中应用，都是绝佳选择。该品种也可作为切花。

"创造真正完美的花园艺术，在于确定不同植物和其品种间的相互搭配。"

波莱罗（'Bolero'）

夏日韵事（'Summer Romance'）

高度：约1.2米　宽度：约1米

开花性：重复开花　类型：丰花月季　香味：浓郁果香

注册名：'KORtekcho'　耐寒性：5—10区

　　这是一个极其健康、美丽、香味浓郁的品种。该品种因长势强健以及优良的抗病性和适应性，在欧洲屡获殊荣。重瓣的中等粉红色花朵具有古老月季的风韵。该品种的植株高度使其非常适合置于花境的中央位置，但最好种在距离小路足够近的地方，这样才能品闻其浓郁的花香 —— 起初是带有辛辣和茴芹香的基调，但随着时间的推移会变成果香。

夏日韵事（'Summer Romance'）

狮子之花（'Lion's Fairy Tale'）

高度：约1.2米　宽度：约75厘米

开花性：重复开花　类型：丰花月季　香味：微香至中香

注册名：'KORvanaber'　耐寒性：5—9区

　　狮子之花拥有柔和的花色、整齐的株形，可用于混合花境或规则式花园中。其花朵内侧是柔软的杏色，外侧为乳白色，成簇开放。叶色深绿且富有光泽，抗病性优秀。该品种又名**欢庆时刻**。

加百列·欧克（欧克，'Gabriel Oak'）

高度：约1.2米　宽度：约1米

开花性：重复开花　类型：英国月季　香味：浓郁果香

注册名：'AUScrowd'　耐寒性：5—11区

　　这是一个卓越的品种，拥有浓烈的色彩、典型的古典月季花形，在花境的中央显得格外突出。花朵打开形成完美的莲座状花形，颜色为丰富的深粉色。植株长势旺盛、相对直立，与较矮的、色彩柔和的粉色花朵（无论是其他月季品种或其他植物）搭配会相得益彰，显得活泼生动。它也可作为切花，特别是有强烈的果香。这是一个坚韧可靠的品种。

布鲁塞尔别墅（'La Ville de Bruxelles'）

高度：约1.5米　宽度：约1.2米

开花性：一季花　类型：大马士革蔷薇

香味：浓郁果香基调的老玫瑰香　耐寒性：4—9区

　　尽管该品种不能重复开花，但值得拥有。典型欧洲古典蔷薇的大花朵，无数粉红色的花瓣排列成四分莲座状，中间有一个可爱的纽扣眼。衬托着大而健康的浅绿色叶片。**布鲁塞尔别墅**长到植株成熟才能展现最好的效果，但相比重复开花的现代品种来说，这个过程相对久，待到华丽的繁花绽放的那一刻，你会觉得前面的等待是值得的。

凡妮莎·贝尔（'Vanessa Bell'）

高度：约1.2米　宽度：约1米

开花性：重复开花　类型：英国月季　香味：中等至浓郁茶香

注册名：'AUSeasel'　耐寒性：5—11区

　　凡妮莎·贝尔是一个精美的浅黄色品种，用途广泛、坚韧可靠。初生的花蕾略带粉色，当花蕾逐渐打开成杯状时，边缘的粉红色调随即消失不见，中间是较深的黄色，边缘是奶油色。该品种适合栽种在路旁，这样很容易近距离欣赏花朵（带有绿茶清香，混合柠檬和蜂蜜香调），也便于剪下带回家。植株长势茂盛且挺拔，因此是群植的最佳选择；当然，该品种同样适合小群种植，或单棵种植于混合花境中。其柔和的黄色花朵，与蓝色、紫色和丁香粉色系都可完美搭配。

狮子之花（'Lion's Fairy Tale'）

布鲁塞尔别墅（'La Ville de Bruxelles'）

加百列·欧克（'Gabriel Oak'）

凡妮莎·贝尔（'Vanessa Bell'）

适合花境背景的品种

高达1.5米甚至更高的大型品种，其冠幅往往与高度相近，对于有围墙、栅栏或树篱支撑的大花园来说再适合不过了。这类品种可以孤植于草地上，也可以作为灌丛的组成部分。

弗朗西斯·玫昂（'Francis Meilland'）

弗朗西斯·玫昂（园艺王子，'Francis Meilland'）

高度：约2米　**宽度：**约1米

开花性：重复开花　**类型：**杂交茶香月季　**香味：**浓郁果香

注册名：'MEItroni'　**耐寒性：**5—9区

　　"大"是这个品种的真实写照！花朵呈经典的杂交茶香月季花形，直径可达约12厘米，比多数品种更大。此外，颜色是令人愉悦的淡粉色，花瓣数量也比多数品种更多，当花朵全开时，仍能保持迷人的形态。它强烈的果香味令人神清气爽，通常是柑橘香调。更重要的是，该品种因出色的抗病性与健康的长势荣获嘉奖。

重瓣加州蔷薇（Rosa californica 'Plena'）

高度：约2.5米　**宽度：**约2米

开花性：一季花　**类型：**原生种　**香味：**浓郁老玫瑰香

耐寒性：4—9区

　　值得一试的原生种，其形态特征与现代栽培品种大不相同。它是一种大而华丽的灌木，可开出大量较小的、松散重瓣的中等粉色花，并带有甜美的老玫瑰香味。和多数古典蔷薇及野生蔷薇一样，它需要几年的时间才能展现其全部魅力，但非常值得等待。另外，它能适应长满杂草的野生环境。

云雀高飞（'The Lark Ascending'）

高度：约2米　**宽度：**约2米

开花性：重复开花　**类型：**英国月季　**香味：**轻度茶香或没药香

注册名：'AUSursula'　**耐寒性：**4—11区

　　云雀高飞是一个坚韧可靠的品种，株形直立，适合作为蓝色或紫色多年生植物的理想背景，如猫薄荷、鼠尾草、风铃草、飞燕草或荷兰菊。花朵是松散的半重瓣，非常迷人。从初夏一直到年底，花朵接连不断地开放。该品种相当健康和耐寒，对于拥有这种花色和株形的品种来说，实属难得一见。

重瓣加州蔷薇（Rosa californica 'Plena'）

云雀高飞（'The Lark Ascending'）

极致美味（莉娜·雷诺，'Dee-Lish'）

高度：约2米　宽度：约1米
开花性：重复开花
类型：杂交茶香月季　香味：浓郁果香
注册名：'MEIclusif'　耐寒性：5—10区

这种高大的、令人印象深刻的杂交茶香月季，花瓣数量远比多数同类品种多，而且花朵完全绽开后依旧魅力无穷。花色为中到深粉红色，随着时间的推移也很少褪色。凭借出色的长势和健壮的株形，该品种非常适合植于花境后侧，不过还是最好安排在可以凑近欣赏的位置，因为其花香浓郁而甜美——柑橘味中混合马鞭草的芬芳。它也可作为花园内侧的填充。

灰姑娘（'Cinderella'）

高度：约1.5米　宽度：约1米
开花性：重复开花
类型：现代灌木月季　香味：浓郁果香
注册名：'KORfobalt'　耐寒性：5—9区

灰姑娘不仅具有古老月季的独特魅力，而且结合了现代月季的优点——良好的重复开花性和出色的抗病性。花朵高度重瓣，许多花瓣以完美的姿态整齐排列。它有浓郁的果香——青苹果的清香混合了天芥菜的香调。这个品种非常健康，在欧洲各地的月季竞赛中屡获殊荣。

"充分利用高大的月季品种，辅以其他花灌木，你就能够创造出一个色彩斑斓、香飘四溢的灌丛，四时景物皆成趣。"

黛莱丝·布涅
（'Thérèse Bugnet'）

高度：约2米　宽度：约1.2米

开花性：重复开花　类型：杂交玫瑰

香味：浓郁老玫瑰香　耐寒性：3—9区

　　尽管这是一个鲜为人知的品种，但品质相当优秀。当你见到它时，你可能永远不会想到这个品种竟是由极度多刺的玫瑰杂交而来的，因为它的枝条几乎光滑无刺——尽管粗糙的小叶表明了它与玫瑰的亲缘关系。花朵具有古老月季极度重瓣的特征，而且还有与之对应的老玫瑰香。**黛莱丝·布涅**非常健康，冬季耐寒，即便是在地中海气候区常年温和湿润的条件下，也能良好生长。

西方大地（'Westerland'）

高度：约2米　宽度：约1.5米

开花性：重复开花

类型：现代灌木月季　香味：浓郁果香

注册名：'KORwest'　耐寒性：5—10区

　　很多月季品种一经问世，即风靡一时；而有些品种，如**西方大地**，则历久弥新，成为永恒的经典。花朵很大，直径超过10厘米，半重瓣，有着朱红、深红、粉红、黄色与琥珀色的巧妙混合。虽然这种不寻常的颜色组合难以找到合适的搭配植物，但整体效果不会令人失望。它有浓郁的果香，植株非常健康。花后会结出一串串经久不落的果实。总体来说是一个优秀的品种。

珠母（'Mother of Pearl'）

高度：约1.5米　宽度：约60厘米

开花性：重复开花　类型：壮花月季

香味：微香　注册名：'MEIludere'

耐寒性：5—10区

　　不论是在凉爽季节，还是在炎热潮湿的夏季，此品种都有良好的表现。**珠母**是一种连续开花、高大挺拔的灌木，非常适合布置于花境后面，柔和的杏粉色花朵开满枝头，繁花似锦。除了在冬季清理枯枝和修剪外，它几乎不需要额外的照顾，而且很适合作为切花。

佩内洛普（'Penelope'）

高度：约2米　宽度：约2米

开花性：重复开花　类型：杂交麝香蔷薇

香味：中度至浓郁果香混合麝香　耐寒性：6—11区

佩内洛普是一个很好的可作为背景的品种，也可作为绝佳的灌木品种栽培。拱形的枝条从基部开始就有花朵绽放。半重瓣的花朵刚开放时略带粉红色，但很快就变成白色。如果定期摘除残花，它可重复开花；反之，就能欣赏到花后无数独特且壮观的珊瑚粉色蔷薇果。香味包含了花瓣的果香以及花朵中央金黄色雄蕊群的麝香。这是一个耐半阴和耐土壤贫瘠的品种。在地中海气候下，很容易长成具有攀缘性的藤本月季。

克莱尔·马丁（'Clair Matin'）

高度：约2.5米，作为藤本约3米　宽度：约2米

开花性：重复开花　类型：现代灌木月季

香味：轻度至中度甜香　注册名：'MEImont'

耐寒性：6—9区

克莱尔·马丁的优秀表现在于从初夏到寒冬来临前一直开花不断。花蕾起初泛着柔和桃红色的光彩，随后会开出淡粉色的半重瓣花，可作为所有色调的良好背景。它作为"开花机器"需耗费大量养分，所以应给予适当的肥料及良好的种植条件，有助于花朵完美绽放，尽管没有额外的追肥也能健康生长。该品种也可以作为藤本月季种植。

佩内洛普（'Penelope'）

克莱尔·马丁（'Clair Matin'）

适合混合花境的品种

　　以下品种的植株大小、高度不一，与其他植物搭配的效果极好。多年生、一二年生花卉与各种月季相得益彰，甚至可以将蓝色系引入你的花园配色方案中。不同植物的混植也有利于月季的健康生长。

黛丝德蒙娜（'Desdemona'）

黛丝德蒙娜（'Desdemona'）

高度：约1米　宽度：约1米

开花性：重复开花　类型：英国月季

香味：浓郁果香混合老玫瑰香

注册名：'AUSkindling'　耐寒性：5—11区

　　一般来说，开纯白色花朵的植物很难融入花园，因为整体看上去会显得平淡和生硬。而**黛丝德蒙娜**的花有一丝淡淡的红晕，特别是在初开之时。只要不是过于浓烈的色彩，它都可与大多数其他颜色的花搭配，而且效果很好。这是一个开花不断的品种，能开出大量杯状花朵。虽然是重瓣，但其花瓣并不密集，在光影的映衬下富有疏影横斜之感。此外，它的香味恰到好处——老玫瑰沁人心脾的芳香，混合了杏花、黄瓜与柠檬皮的香调，而后者有时非常突出。该品种盆栽的表现也相当出色（见第123页）。

土色日出（'Adobe Sunrise'）

高度：约1米　宽度：约60厘米

开花性：重复开花　类型：丰花月季　香味：微香

注册名：'MEIpluvia'　耐寒性：5—10区

　　它的名字完美描绘出了花朵的颜色——丰富的鲑鱼橙色。该品种的花色随着时间的推移几乎不褪色。花朵起初是重瓣的，内轮花瓣以杂交茶香月季的典型花形排列，当花朵完全打开后则会露出一束柔和的雄蕊群。该品种可形成整齐紧凑的灌木，很适合种植在空间狭窄的花境。其盆栽效果也很出色。

优丝塔夏·福爱（福爱，'Eustacia Vye'）

高度：约1.2米　宽度：约1米

开花性：重复开花　类型：英国月季　香味：浓郁果香

注册名：'AUSegdon'　耐寒性：5—11区

　　优丝塔夏·福爱的柔和粉色与杏色花朵很容易融入混合花境的色彩搭配中。该品种长势相当直立，非常适合种植在矮生植物的后面，如加勒比飞蓬、荆芥或石竹，不过栽种位置最好能让你便于凑近闻到花朵浓烈的果香。这是一个非常健康的品种，重复开花性优秀。它甚至可作为较矮的藤本月季栽培（见第174页）。

土色日出（'Adobe Sunrise'）

优丝塔夏·福爱（'Eustacia Vye'）

菲利西亚（'Felicia'）

哈迪夫人（'Madame Hardy'）

哈迪夫人（'Madame Hardy'）

高度：约1.5米，作为藤本约2.5米　宽度：约1.2米

开花性：一季花　类型：大马士革蔷薇

香味：浓郁老玫瑰香　耐寒性：5—9区

　　这是最美的古典蔷薇，也是最经典的品种之一。**哈迪
夫人**是为数不多优秀的白色古老品种，花朵中央有着标志
性的"绿眼睛"。深绿色的狭长羽裂状萼片也是它的识别
要点。花朵打开形成完美的莲座状花形，伴随着美妙的香
味。如果仅做轻度修剪，它可以长得相当高，甚至可以长
成一株美丽的藤本植物。

菲利西亚（'Felicia'）

高度：约1.5米，作为藤本约2.5米　宽度：约1.5米

开花性：重复开花　类型：杂交麝香蔷薇

香味：中度至浓郁果香　耐寒性：6—11区

　　菲利西亚是优秀的杂交麝香蔷薇品种之一，开花不断，非常健康。松散的重瓣花朵，花瓣上表面呈玫瑰粉色，背面是杏色，整体上呈泛着银光的鲑鱼粉色调。秋天的花色更加丰富，花朵也开得更大。如果仅做轻微修剪，植株可以长得相当高大，在温暖的气候条件下，甚至可作为藤本植物栽培。它也可与其他植物搭配，尽显生动活泼。

利奇菲尔德天使（'Lichfield Angel'）

高度：约1.2米　宽度：约1.2米

开花性：重复开花　类型：英国月季　香味：轻度麝香

注册名：'AUSrelate'　耐寒性：5—11区

　　这是一个相当容易开花的品种，株形较为松散，略呈拱形，与其他有类似生长习性的多年生植物十分相配。花朵初开是浅浅的桃红色，但完全开放时则变成乳白色，呈蓬松的莲座状，外侧花瓣反折，很适合与荆芥搭配在一起。当然，该品种有一个优势——几乎无刺。此外，这个品种也可群植，以形成繁花似锦的花篱景观。

园丁夫人（'The Lady Gardener'）

高度：约1.2米　宽度：约1.2米

开花性：重复开花　类型：英国月季　香味：浓郁茶香

注册名：'AUSbrass'　耐寒性：5—11区

　　找到与杏粉色月季品种相配的植物是一件容易的事情，显而易见的例子就是鼠尾草的梦幻紫色。若你尝试其他颜色的花，就会发现有更多可能。**园丁夫人**枝叶茂盛，孤植效果也能让人眼前一亮（见第118页），但三株一组紧密相连的种植方式会有更好的效果。它有一种美妙的香味，以茶香调为主，混合着淡淡的松木与香草清香。

利奇菲尔德天使（'Lichfield Angel'）

园丁夫人（'The Lady Gardener'）

勃艮第冰山（葡萄冰山，
'Burgundy Iceberg'）

高度：约1.2米　宽度：约1米
开花性：重复开花　类型：丰花月季
香味：轻度蜂蜜甜香
注册名：'PROse'　耐寒性：6—9区

　　勃艮第冰山源于世界闻名的品
种**冰山**的芽变，同样是一种令人惊
叹的"开花机器"——尤其在温暖
的气候条件下。多年来，**冰山**除诞
生了藤本版芽变以外，其性状特征一
直保持稳定，直到出现两种颜色的芽
变——**艳粉冰山**和**勃艮第冰山**。顾名
思义，其花色是标准的勃艮第红色。
天气越冷，花色越深。该品种易与其
他植物组合搭配，特别是在以粉色系
花卉作为背景时效果出众。作为树状
月季也相当出色。枝条几乎无刺。

阴谋（引人入胜，'Intrigue'）

高度：约75厘米　宽度：约1米
开花性：重复开花　类型：丰花月季
香味：浓郁柑橘香
注册名：'JACum'　耐寒性：6—9区

　　阴谋是诞生于20世纪80年代初
的品种，但与当时推出的多数月季不
同，该品种至今仍然是一个优秀且值
得购买的经典品种。花朵是美妙的紫
红色，随着时间的推移，会多出一些
蓝色调。花朵有着芳香四溢的柑橘香
味。该品种适合各种规模的花园。

兰花韵事（'Orchid Romance'）

高度：约1.4米　宽度：约1米
开花性：重复开花　类型：丰花月季
香味：浓郁柑橘香
注册名：'RADprov'　耐寒性：5—10区

　　看起来与**绝代佳人**完全不同的品
种，尽管二者都是威尔·拉德勒的名
作。它的花形与古老月季相似，每朵
花有80—90枚花瓣，伴随着强烈的柑
橘香味。颜色从中等至深粉色不等，
混合淡紫色的底色。这是一个健康的
品种，容易栽培和管理。

牧羊女（'The Shepherdess'）

高度：约1.2米　宽度：约1米

开花性：重复开花　类型：英国月季

香味：中度果香

注册名：'AUStwist'　耐寒性：5—11区

在任何类型的花境中，重点在于谋求主体植物与某些效果惊艳出彩的背景植物之间的平衡关系，**牧羊女**就是这类品种的典型例子。花朵是柔和的杏色，在特定天气下会变为粉红色，呈深杯状的花形，花朵打开后会露出雄蕊。它有一种美妙的果香，同时混合了柠檬清香。

伊普西兰特（'Ipsilanté'）

高度：约1.5米　宽度：约1.2米

开花性：一季花　类型：法国蔷薇

香味：浓郁老玫瑰香　耐寒性：4—8区

这是一个经典的、非常可爱的法国蔷薇品种，花香浓郁，呈粉红色。有时品种名会被写成 'Ypsilanté'。花瓣排列成经典的老式四分花形，中间有时可以看到一个绿色的纽扣眼。枝条舒展且较柔软，意味着花朵可以与相邻植物的花交织在一起，构成五彩斑斓的景观。

薰衣草少女（薰衣草莱西，'Lavender Lassie'）

高度：约2米　宽度：约1.2米

开花性：重复开花

类型：杂交麝香蔷薇

香味：浓郁甜香　耐寒性：6—11区

令人遗憾的是，**薰衣草少女**在花园应用中常常被忽视。尽管该品种看上去平平无奇，但有着非常精致的花朵，种植门槛不高。对于1960年推出的玫瑰来说，那时的杂交茶香月季与丰花月季正是主流，而该品种相对来说就显得与众不同了。完全重瓣的花朵很像古老月季，具有良好的香味。颜色略呈淡紫色，随着时间的推移持续变淡。该品种耐阴，在阴凉处花朵的粉色自始至终几乎不褪色。在凉爽的气候条件下，它可长成优美的灌木；在温暖条件下，它能被栽培成藤本月季，高约3米。

安妮公主（'Princess Anne'）

高度：约1.2米　宽度：约1.2米

开花性：重复开花　类型：英国月季　香味：中度茶香

注册名：'AUSkitchen'　耐寒性：5—11区

　　这个品种的花朵大而醒目，在花坛中非常显眼，随着时间推移，花色逐渐变淡，从丰富的、几乎是红色的粉色变为中等粉色。这是一个十分坚韧可靠的品种，可适应不理想的栽培条件，并能与其他植物完美相融——仅要求株距不能太近以免互相争夺水和养分。它能很好地与较柔和的颜色搭配，如绵毛水苏（Stachys byzantina）和**鲍维斯城堡**银蒿（Artemisia 'Powis Castle'）的银色叶片，以及猫薄荷、薰衣草和鼠尾草特有的淡紫色或薰衣草紫色。它的香味千变万化，时而浓郁时而清淡。

夏日回忆（'Summer Memories'）

高度：约1.2米　宽度：约60厘米

开花性：重复开花　类型：现代灌木月季　香味：淡香

注册名：'KORuteli'　耐寒性：5—9区

　　这是一个有着古老月季典型的完全重瓣花形的品种。纯白或乳白色系的优质古老月季不常见，因此该品种就成了优秀的替代品，尤其是它具有杰出的抗病性。这种月季很容易与前侧较矮的植物及后侧较高的植物（如果空间允许）搭配，适合种植在花境的中间区域。

夏日回忆（'Summer Memories'）

安妮公主（右侧，中等粉色花，'Princess Anne'）

少女腮红（'Great Maiden's Blush'）

少女腮红（怀春少女，'Great Maiden's Blush'）

高度：约2米　宽度：约1.2米

开花性：一季花　类型：白蔷薇　香味：浓郁老玫瑰香

耐寒性：4—9区

　　这是最富有魅力，也是现存历史最悠久的古典蔷薇品种之一，可以追溯至约公元1550年或更早。它流传至今，获得了很多名字，包括'Cuisse de Nymphe'。穿越数百年的芳华，绽放于今朝，甚至可无须考虑与其他植物的竞争，或缺乏栽培管理等问题。柔和的粉红色渐变白色花朵，非常适合混合花境。把它种在能够近距离观赏花朵的地方，这样就可以凑近嗅闻美妙浓郁的芬芳。

花园喜悦（'Garden Delight'）

高度：约1.2米　宽度：约1米

开花性：重复开花　类型：丰花月季　香味：中度香

注册名：'KORgohowa'　耐寒性：5—9区

如果你需要一个突出的花园亮点，那么这个品种可成为理想之选。与大多数丰花月季不同，这种月季的花朵很大，花心高耸，具有典型杂交茶香月季的特征，而且花瓣非常饱满。花朵中央是浓郁的黄色，而外侧是粉色至红色不等，色彩变化取决于天气条件：阳光越强，颜色越深。这是一个非常健康的品种。

奥利维亚（奥利维亚·罗斯·奥斯汀，'Olivia Rose Austin'）

高度：约1.2米　宽度：约1米

开花性：重复开花　类型：英国月季　香味：轻至中度果香

注册名：'AUSmixture'　耐寒性：5—11区

这是一个杰出的品种，无论是花量还是生长状况都相当优秀。它的始花期比其他大多数品种早2—3周，然后很快复花，一直持续到年末。花朵初开时呈中等粉色的浅杯状，在略带浅灰色调的叶片衬托下显得格外美丽动人。它在花园中的应用形式多种多样，但最适合与其他植物搭配混植。不同色调的粉色均可与之相配，尽显野趣；或对比鲜明的紫色、蓝色，甚至柔和的黄色也合适。

药用法国蔷薇（'Officinalis'）

高度：约1.2米　宽度：约1米

开花性：一季花　类型：法国蔷薇

香味：浓郁老玫瑰香　耐寒性：4—8区

该种也被称为**药剂师蔷薇**（Apothecary's Rose）和**兰开斯特红玫瑰**（The Red Rose of Lancaster），很可能是现今人们在花园里发现的最古老的蔷薇之一。它在欧洲多地被大量种植，特别是在法国的普罗旺斯，长期以来一直被用于烹饪、药用和化妆品原料。相当大的花朵呈洋红色，半重瓣，搭配对比鲜明的黄色雄蕊。它适应性很强，不会受多年生植物的入侵和竞争所影响。花谢后可结果，果实呈暗红色。

土波罗蜜（'Tupelo Honey'）

高度：约1.2米　宽度：约1米

开花性：重复开花　类型：丰花月季　香味：中度香

注册名：'KORflusamea'　耐寒性：5—9区

这是一个适合引入村舍花园的理想品种。某些黄色品种的月季色彩过于耀眼与饱和，不能很好地融入花园设计之中，但**土波罗蜜**略带一些焦糖色，使之更易搭配。此外，层层叠叠的花瓣看起来与古老月季相似。该品种的长势略弱，所以很适合种植在中等规模的花园。它可与紫色和薰衣草色的花朵构成绝妙的色彩搭配。

花园喜悦（'Garden Delight'）

药用法国蔷薇（'officinalis'）

奥利维亚（'Olivia Rose Austin'）

土波罗蜜（'Tupelo Honey'）

适合盆栽的品种

在天井、露台、阳台或任何无地栽条件的场所，容器栽培或盆栽月季是增添色彩和芬芳的绝佳方式。株形小而圆润，并有美味芳香的品种最适合这种方式。

园丁夫人（'The Lady Gardener'）

高度：约1.2米　宽度：约1.2米
开花性：重复开花　类型：英国月季　香味：浓郁茶香
注册名：'AUSbrass'　耐寒性：5—11区

　　园丁夫人株形直立、长势茂盛，是一个可靠、美丽且适合盆栽的品种。大朵的杏黄色花朵有绝佳的茶香，还有淡淡的松木与香草清香。将其置于浅色的墙边，有助于衬托花朵的色彩，并促进开花。这是一个健康的品种，有良好的重复开花性。

亚历山德拉公主（肯特公主，'Princess Alexandra of Kent'）

高度：约1.2米　宽度：约1.2米
开花性：重复开花　类型：英国月季
香味：浓郁茶香混合果香　注册名：'AUSmerchant'
耐寒性：5—11区

　　亚历山德拉公主有着大型的粉红色花朵，盆栽效果同样出众。它有浓郁的茶香与柠檬香味，生命力强，非常健康，这些都是盆栽品种的理想特征。在花境中（见第97页），它是一种相当直立的灌丛；在花盆中，其植株基部可以照射到更多的阳光，因此株形更加圆润，并在植株下部开花。

园丁夫人（'The Lady Gardener'）

亚历山德拉公主（'Princess Alexandra of Kent'）

克里斯蒂娜公爵夫人（尘世天使，'Herzogin Christiana'）

高度：约75厘米　宽度：约45厘米

开花性：重复开花　类型：丰花月季

香味：浓郁果香

注册名：'KORgeowim'

耐寒性：5—9区

　　这是一个株形整齐且相当直立的品种，开柔和粉红色花朵，若种在蓝釉花盆里整体效果很好。花朵与传统丰花月季不同，非常圆润，保持半开状态，花心呈柔和粉色，外瓣更偏向于乳白色。花朵果香四溢，有柠檬、覆盆子和苹果的美妙混合香味。

冷静（'Easy Does It'）

高度：约1米　宽度：约1米

开花性：重复开花　类型：丰花月季

香味：中度果香

注册名：'HARpageant'

耐寒性：6—10区

　　这是一个有着别致色彩的独特品种，花瓣有明显的波浪边。**冷静**的花色最初呈深橙色至杏黄色，后期逐渐变为桃红色。该品种开花不断，它尽管是由英国的哈克内斯（Harkness）培育的，但能适应各类气候条件，无论炎热干燥还是凉爽潮湿。

极乐芬芳（童话魔法，'Bliss Parfuma'）

高度：约1米　宽度：约75厘米

开花性：重复开花

类型：杂交茶香月季　香味：浓郁果香

注册名：'KORmarzau'

耐寒性：5—10区

　　该品种花朵初开呈典型的杂交茶香月季花形，但在完全开放时才是它的颜值巅峰——100多枚花瓣排列成完美的古老月季形态。这个品种也符合大家对它的期待——具有浓郁的美味果香。作为获奖品种，它相当健康。这个几乎完美的品种是混合花境、盆栽、登堂入室的最佳选择。

奶油门廊（生活乐趣、奶油花环、月季花园，'Cream Veranda'）

高度：约60厘米　宽度：约45厘米

开花性：重复开花

类型：丰花月季　香味：淡香

注册名：'KORfloci01'

耐寒性：6—9区

　　这是一个紧凑且极其健康的品种，非常适合在相对较小的花盆和空间种植。优美的花朵有着古老月季的风格与魅力，重重叠叠的花瓣排列成莲座状。其花瓣呈柔和的杏粉色，外侧的颜色逐渐变浅。它同样是获奖的、十分健康的品种，也被称为**月季花园**（'Garden of Roses'）。

怦然心动（康斯坦茨·莫扎特，'First Crush'）

高度：约1米　宽度：约75厘米

开花性：重复开花

类型：丰花月季　香味：浓郁果香

注册名：'KORmaccap'

耐寒性：5—11区

　　这是一个理想的盆栽品种。它生长紧凑，易于管理，可在中等大小的花盆里长势良好。花朵有一种绝妙的新鲜果香，非常适合置于座前。更重要的是，它美丽丰满、颜色柔和的花朵能够与其他植物完美搭配，无论盆栽还是地栽都很合适。这是一个非常健康的品种。

"盆栽月季理应成为焦点，尤其当它是一个小型品种时，否则它的存在感就可能被混合花境里的其他植物所掩盖。"

南非（'South Africa'）

黛丝德蒙娜（'Desdemona'）

南非（金发美女，'South Africa'）

高度：约1米　宽度：约1米

开花性：重复开花　类型：丰花月季　香味：中度甜香

注册名：'KORberbeni'　耐寒性：5—10区

　　花如其名，该品种有着丰富的金黄色花朵，搭配深绿色的叶片，相映成趣。初放阶段，花朵有着杂交茶香月季的经典高心花形，但花朵打开后，就会露出金色的花蕊。**金发美女**非常健康（获得过许多大奖），在露台或阳台这种温差大且午后炎热的环境下也能健康生长。

黛丝德蒙娜（'Desdemona'）

高度：约1米　宽度：约1米

开花性：重复开花　类型：英国月季

香味：浓郁果香混合老玫瑰香

注册名：'AUSkindling'　耐寒性：5—11区

　　黛丝德蒙娜具有浓郁的香味和出色的复花性，是盆栽的绝佳选择。它的株形不高，长势也并不特别旺盛，尤其适合种植在中等大小的花盆里。不过，和多数盆栽月季的管理类似，保持定期浇水、见干见湿的良好浇水习惯，可促其绽放出更大更美的花朵。柔和的乳白色花朵，在蓝色花盆的映衬下效果很好。

玛丽·帕维叶（玛丽·帕维奇，'Marie Pavié'）

高度：约60厘米　宽度：约75厘米

开花性：重复开花　类型：小姐妹月季　香味：浓郁麝香

耐寒性：5—11区

　　玛丽·帕维叶（'Pavié' 有时拼写为 'Pavič'，即**玛丽·帕维奇**）于19世纪末推出，至今仍然是一个优秀的品种，特别适合容器栽培或盆栽。它具有浓郁的麝香香调，香味可以飘至整个花园，即便是坐在远处也能闻到花香。柔和的粉红色花朵会逐渐变成白色。该品种从夏至秋开花不断。

玛丽·帕维叶（'Marie Pavié'）

适合狭小空间的品种

　　这些品种的株形矮小，或冠幅不大，适合在小花园或狭窄空隙处种植。小型至中型花，花瓣数量和形状各不相同，从单瓣到重瓣不等，有些品种的花形看上去更像古老月季。它们也是小型容器栽培与盆栽的良好选择。

朱莉门廊（'Jolie Veranda'）

朱莉门廊（'Jolie Veranda'）

高度：约75厘米　宽度：约60厘米

开花性：重复开花　类型：灌木月季　香味：淡香

注册名：'KORfloci54'　耐寒性：5—11区

　　这是一个看起来令人愉悦的品种，可在条件不佳的环境下生长。花朵大小适中，呈明亮的鲑鱼粉色，并且不会褪色。花朵有良好的自洁性——在为花园选择月季品种时要考虑到这一点，特别是这种重复开花的品种。这是一种坚韧可靠的月季，与蓝色或紫色花搭配效果最好。

茱莉亚·查尔德（美妙绝伦，'Julia Child'）

高度：约1米　宽度：约60厘米

开花性：重复开花　类型：丰花月季　香味：中度至浓郁没药香

注册名：'WEKvossutono'　耐寒性：5—9区

　　自2004年推出以来，该品种风靡全球，这不仅体现了它的优秀品质，也反映出该品种在不同气候条件下良好的长势和适应性。花朵是温暖的金黄色，随着时间的推移变成乳白色。它有绝佳的没药香味，尽管有人认为它更接近于茴芹香。该品种容易复花，生长健康。如果空间允许，它是小型花境的最佳选择，可以孤植，也可两三株成组种植，甚至更多株群植。在规则式花坛的应用中效果也很好。

可爱波莉紫色（'Pretty Polly Lavender'）

高度：约45厘米　宽度：约60厘米

开花性：重复开花　类型：小姐妹月季　香味：淡香

注册名：'ZLEpolthree'　耐寒性：4—10区

　　这是一个紧凑的小型品种，非常适合在狭小的空间种植，无论地栽还是盆栽。它非常耐寒，但也能在温暖的气候条件下生长。花朵很小，直径仅2.5厘米略多，中间布满了层层叠叠的小花瓣，呈浅浅的淡紫色，十分迷人。植株整体非常健康。

茱莉亚·查尔德（'Julia Child'）

可爱波莉紫色（'Pretty Polly Lavender'）

卡塔琳娜·泽米特（'Katharina Zeimet'）

高度：约1米　宽度：约75厘米

开花性：重复开花　类型：矮丛小姐妹月季　香味：中度甜香

耐寒性：5—11区

这是所有月季中开花性最好的品种之一。虽然单朵花不是特别有型，但花朵芳香，花量大，花期长，多头，这些特点都弥补了这一遗憾。通过轻度修剪，或将它种植在温暖的气候条件下，它可比一般情况下长得更高。该品种耐寒性强。

罗克茜（'Roxy'）

高度：约60厘米　宽度：约30厘米

开花性：重复开花　类型：微型月季　香味：无

注册名：'KORsineo'　耐寒性：5—9区

这是真正的微型月季，尽管它的花形看起来更像古老月季，它的花瓣漂亮地排列成莲座状，呈现出明亮且不褪色的粉色，有时接近于紫色，比古老月季可见的色彩更明艳。该品种开花不断，也非常健康。

火烈鸟万花筒（'Flamingo Kolorscape'）

高度：约1米　宽度：约60厘米

开花性：重复开花　类型：灌木月季　香味：微香

注册名：'KORhopiko'　耐寒性：5—11区

色彩鲜艳的品种，可以装点花园中的任何地方。明亮粉色的半重瓣花中央有个"白眼睛"，丝毫不褪色。它开花不断，贯穿整个花期。幸运的是，花朵有着良好的自洁性。它是一个相当健康的获奖品种。

柠檬汽水（'Lemon Fizz'）

高度：约75厘米　宽度：约60厘米

开花性：重复开花　类型：现代灌木月季　香味：淡香

注册名：'KORfizzlem'　耐寒性：5—11区

这是一个非常可靠的品种，生长紧凑，是装点花园、露台或阳台角落的最佳选择。毫不褪色的亮黄色花朵可持续绽放。金黄色的花蕊完全露出，因此深受蜜蜂的喜爱。该品种非常健康，适合地栽或盆栽。

卡塔琳娜·泽米特（'Katharina Zeimet'）

火烈鸟万花筒（'Flamingo Kolorscape'）

罗克茜（'Roxy'）

柠檬汽水（'Lemon Fizz'）

奶油门廊（'Cream Veranda'）

钻石之眼（'Diamond Eyes'）

奶油门廊（奶油花环、月季花园、生活乐趣，'Cream Veranda'）

高度：约75厘米　宽度：约60厘米

开花性：重复开花　类型：丰花月季　香味：轻度至中度香

注册名：'KORfloci01'　耐寒性：5—11区

　　这是一个紧凑、健康的品种，非常适合在狭小的地方或较小的花盆中种植。美丽的花朵呈现出古典风格，许多花瓣整齐地排列成莲座状。花瓣是柔和的杏粉色，由内而外逐渐变淡。该品种作为最健康的品种之一曾获得殊荣。

钻石之眼（'Diamond Eyes'）

高度：约45厘米　宽度：约30厘米

开花性：重复开花　类型：微型月季　香味：浓郁丁香香调

注册名：'WEKwibypur'　耐寒性：4—10区

　　钻石之眼的花色类似于大型一季花蔓性月季品种**紫罗兰**（'Violette'）的深紫色。除此以外，这两个品种完全不同。**钻石之眼**是一种微型月季，高度仅有30—45厘米，重复开花性很好。深紫色的花朵中央有一个醒目的"白眼睛"，且具有浓郁的丁香芬芳。这是一个可爱的小型品种，适合盆栽，或栽植于花箱、窗台、狭窄的花境。

可爱波莉白色（'Pretty Polly White'）

高度：约1米　宽度：约1米

开花性：重复开花　类型：小姐妹月季　香味：微香

注册名：'ZLEpoltwo'　耐寒性：4—10区

　　这是一个优雅、健康的品种。与**可爱波莉紫色**（见第125页）不同，这个品种开半重瓣花，会露出亮黄色的雄蕊群。植株较小，而且花期一直持续到年末。它可抵御寒冷的冬天，也能在炎热的夏天茁壮成长。本系列的第三个品种——**可爱波莉粉色**（'Pretty Polly Pink'），也具有类似的特征。

"在狭小空间应用较少的颜色种类的效果很好。为了获得最佳效果，当你为小花园设计花境景观时，最好使用经过精心设计的配色方案。"

可爱波莉白色（'Pretty Polly White'）

香槟伯爵（'Comte de Champagne'）

适合吸引野生动物的品种

　　各类不同大小和类型的月季品种都能吸引野生动物"光顾"你的花园。这里展示的品种多数为单瓣或半重瓣花品种，以尽可能多地吸引益虫进入花园。许多月季品种还能结出果实，可作为动物在冬季宝贵的食物来源，而它们丛生的枝条能为鸟类和小型哺乳动物提供掩护。

金樱子（*Rosa laevigata*）

香槟伯爵（'Comte de Champagne'）

高度：约1.2米　宽度：约1.2米

开花性：重复开花　类型：英国月季　香味：轻度至中度麝香

注册名：'AUSufo'　耐寒性：5—11区

香槟伯爵有简约而迷人的半重瓣花，花朵有着大量花蕊，对蜜蜂最具吸引力。该品种杏色初绽的花朵，与柔和乳黄色全开的花朵，恰好构成了不同色调的巧妙组合，使其成为易于融入花境的品种。

金樱子（Rosa laevigata）

高度：作为灌木约1.5米，作为藤本约4.5米

宽度：作为灌木约3米，作为藤本约3米

开花性：一季花　类型：野生种　香味：浓郁果香

耐寒性：7—11区

金樱子原产于中国南部及越南等地，后归化于美国南部，是美国佐治亚州的州花。它也被称为切罗基蔷薇（Cherokee Rose）。硕大、纯白的单瓣花直径约9厘米，有强烈的香味。尽管该种不能重复开花，但能结出华丽的橙色果实。它更适合在温暖的地区生长，可以培育成丛生的灌木，也可攀附在树上。作为一个健康的野生种，它不需要额外维护，但不宜种在距离园内小路太近的地方。

夏之酒（'Summer Wine'）

高度：约3.6米　宽度：约2米

开花性：重复开花　类型：藤本月季　香味：中度香

注册名：'KORizont'　耐寒性：5—9区

夏之酒在盛花期是一种很有价值的辅助蜜源植物，而到了秋冬时节则深受鸟类的喜爱。花朵中等大小，尽管官方资料称之为半重瓣，但花朵仅有8—10枚花瓣，看起来更像单瓣。花蕾初开呈明亮的珊瑚色，开放后逐渐变为柔和的鲑鱼粉色，中心呈黄色。雄蕊群格外突出，有深红色花丝和黄色花药。该品种可重复开花，不过，你若希望在秋季收获大而圆润的橙色蔷薇果，则可以留下一些残花。该品种也可作为藤本月季栽培，或通过重剪保持大灌木株形。总体来说，这是一个美丽壮观且健康坚固的品种。

夏之酒（'Summer Wine'）

晨雾（'Morning Mist'）

高度：约2米　宽度：约1.5米

开花性：重复开花　类型：英国月季　香味：轻度麝香

注册名：'AUSfire'　耐寒性：5—9区

这是一个花朵大而醒目的品种，适合在花坛后面或缺少管理的区域种植。单瓣花，花色为浓烈的珊瑚粉色，突出的雄蕊群可见红色的花丝。这种颜色虽然看上去似乎难以应用于色彩搭配，但事实上并不过于耀眼，也不难找到合适的搭配植物。该品种花后会结出硕大的橙色果实，可一直保持到冬天。

圣蔷薇（Rosa × richardii）

高度：约1米　宽度：约1.2米

开花性：一季花　类型：野生杂交种　香味：轻度麝香

耐寒性：6—9区

圣蔷薇的起源至今仍旧是未解之谜。早在公元200年的埃及古墓中就发现了与之极其相似的植物化石，但1890年前却没有确切的栽培历史与记录。尽管起源未知，它都是一种无与伦比的蔷薇，有大且单瓣的标准野生蔷薇型花朵。花朵最初是柔和的浅粉色，之后逐渐变红。略微皱缩的花瓣，使人联想到岩蔷薇的花朵，但又略显不同。它可能是法国蔷薇和田野蔷薇的种间杂交，继承了前者的大花特点与后者的拱形株形。遗憾的是，它几乎不结蔷薇果，但花朵对昆虫很有吸引力。该种坚韧且健康，即使环境条件不佳也能良好生长。

大花小姐妹（'Polyantha Grandiflora'）

高度：约7米　宽度：约5米

开花性：一季花　类型：蔓性月季　香味：浓郁麝香

耐寒性：6—9区

这是一个专为吸引蜜蜂而生的品种 —— 繁花缀满枝头时，未见其花却闻蜜蜂的嗡嗡声。它的花朵比大多数野生蔷薇略大一点，偏向于白色的奶油色，并伴随着强烈而美妙的麝香香味，甚至在看到繁花前就能品闻到花香。细嗅蔷薇花香，其香味更接近于丁香香调。花后会结出大量的蔷薇果，可以保留到冬天，直至成为鸟儿的美餐。叶片同样引人注目，有光泽，中脉呈深红色。树旁或可以让它随意伸展的地方，对它来说是个绝佳选择。无论是夏天的繁花还是冬天的蔷薇果，都是很好的花园装饰材料。

托普琳娜（'Topolina'）

高度：约45厘米　宽度：约60厘米

开花性：重复开花　类型：现代灌木月季　香味：淡香

注册名：'KORpifleu'　耐寒性：5—9区

托普琳娜每朵花中央的雄蕊群对蜜蜂和其他昆虫有着巨大吸引力。它能开出大量精致的亮粉色单瓣花，中央有一个柔和的黄色"眼睛"。作为获奖品种，它非常健康，是栽植于小路边缘或作为地被植物的良好选择。

晨雾（'Morning Mist'）

大花小姐妹（'Polyantha Grandiflora'）

圣蔷薇（Rosa × richardii）

托普琳娜（'Topolina'）

"尽管月季的花朵本身缺乏花蜜，但花粉营养丰富，可以为蜂类、食蚜蝇、甲虫等昆虫提供宝贵的食物来源。"

火晶石万花筒（火蛋白石，'Fire Opal Kolorscape'）

高度：约75厘米　宽度：约45厘米

开花性：重复开花　类型：丰花月季　香味：微香

注册名：'KORumneza'　耐寒性：5—9区

该品种的花朵会随其状态和天气变化而变色。在众多复瓣品种中，它有着非同寻常的大花朵，直径约10厘米，仅有10—15枚花瓣，大束的雄蕊暴露在外，吸引蜜蜂前来。花色从珊瑚色到奶油色不等，任何时候都能在花朵的色彩变幻中获得无穷乐趣。该品种非常健康，耐寒性好。

火晶石万花筒（'Fire Opal Kolorscape'）

命运女神（'Fortuna'，图中前景，与银边波纹玉簪（*Hosta* 'Cripula'）搭配）

命运女神（福耳图那，'Fortuna'）

高度：约60厘米　宽度：约45厘米

开花性：重复开花　类型：现代灌木月季　香味：淡香

注册名：'KORatomi'　耐寒性：6—9区

这是一个美丽、色彩柔和的品种，繁花似锦，尤其吸引传粉昆虫。鲑鱼粉色至淡红色的渐变花色构成了一组活泼的混合色彩。株形直立且长势相当茂盛，很容易与其他植物搭配在一起，特别是那些开蓝色、淡紫色或紫色花朵的植物。该品种非常健康。

绯红夫人（'The Lady's Blush'）

高度：约1.2米　宽度：约1米

开花性：重复开花　类型：英国月季　香味：淡香

注册名：'AUSoscar'　耐寒性：5—11区

绯红夫人是一种中型灌木，能同时绽放大量的半重瓣花，深受蜜蜂喜爱。花朵呈柔和的中粉色，中部有一个白色的"眼睛"，中心雄蕊群的基部呈醒目的红色。如果不摘去残花，果实就能与花朵同挂枝头。这是一种坚韧、可靠的品种，适合种植在花境中间，或很少管理的地方。

绯红夫人（'The Lady's Blush'）

适合原生态环境的品种

野生蔷薇及其近缘种是花园中原生区域的完美选择，尤其适合草地和原生态风格的搭配。它们有美丽的花朵和果实，有时还有绝美的秋色叶。有些种类非常紧凑，而多数种类只要有机会就会攀上大树。绝大多数都能适应土质较差的栽培场所。

黄蔷薇（*Rosa hugonis*）

高度：约2.5米　宽度：约2米
开花性：一季花　类型：野生种
香味：淡香　耐寒性：5—9区

这也许是所有黄色野生蔷薇中最美丽、壮观的一种，实际上也是所有野生蔷薇中最美的。花朵呈现出柔和的报春花黄色，中间有一束金黄色的花蕊，是蜜蜂的最爱。小叶片不大，和蕨类植物略相似。黄蔷薇需要历经数年才能成熟，在此期间不应修剪，因此必须确保它有足够的生长空间以展示其全部魅力。

犬蔷薇（*Rosa canina*）

高度：约3米　宽度：约2.5米
开花性：一季花　类型：野生种
香味：淡香　耐寒性：3—9区

该种即我们熟知的狗蔷薇，原产于不列颠群岛及欧洲大部分地区。其简洁质朴的五瓣花，富有独特的风韵。花朵通常是柔和的玫瑰粉色，色彩变化多端，从深粉色到近白色皆有可能。这是一个生命力极强的种，很容易蹿到高大的乔木之上，所以需要考虑其栽种位置。种植在树篱中并定期修剪，也能收获成片繁花。花后它可结出大量长椭圆形的朱红色蔷薇果。它也有一系列杂交后代，其中最出众的是西伯尼卡蔷薇，能结出数量可观且经久不落的深红色蔷薇果。

黄蔷薇（*Rosa hugonis*）

大蔷薇（*Rosa canina*）

曲折法国蔷薇（染脂荷，'Complicata'）

高度：约1.5米，作为藤本约3米　宽度：约2米

开花性：一季花　类型：野生杂交种　香味：淡香

耐寒性：4—9区

　　该种并非纯正的野生种，而是源于法国蔷薇和犬蔷薇的种间杂交。它有玫瑰粉色混合白色中心的大花朵（直径约13厘米），并有大簇的雄蕊群。作为一种灌木，它长势旺盛且株形开展旺盛，能开出大量的花朵。它也能够成为一种有吸引力的攀缘植物。该品种在花后会结出大而红色的蔷薇果。栽种在高大的观赏草丛或滨菊花丛中显得极富野趣。

维吉尼亚蔷薇（Rosa virginiana）

高度：约1.5米　宽度：约1.2米

开花性：一季花　类型：野生种　香味：中度香至浓香

耐寒性：3—9区

　　与许多野生蔷薇不同，维吉尼亚蔷薇不会长得过于巨大，因此在中等规模的花园里效果很好。樱桃粉色花朵的始花期相比多数蔷薇更晚，往往在仲夏之后开花，但会持续近六周时间。到了10月，闪闪发光的球形果实会变成明亮的红色，经冬不落，直到第二年春天。叶子也很有观赏性，春天的新叶色彩亮丽，而在年末会再次出现，这时呈现出一系列灿烂的秋季色彩。茎在冬季呈红褐色，刺较少。此外，这种蔷薇适应性极强，在阴凉和贫瘠的土壤中都能良好生长。

山地玫瑰伍兹蔷薇（Rosa woodsii 'Mountain Rose'）

高度：约2米　宽度：约1.5米

开花性：一季花　类型：野生种　香味：浓香

耐寒性：2—9区

　　伍兹蔷薇原产于北美洲，从美国阿拉斯加州到新墨西哥州都有分布，常见于美国蒙大拿州和加拿大艾伯塔省，通常生长于湿地。在不同的土质和气候条件下，其高度有时仅60—100厘米，尽管在花园里它可长到约2米高。它可产生根蘖，取决于种植地点。花朵可呈现出深浅不一的粉色，取决于种子的来源。花后它会结出一大波持久的、中等球形的红色蔷薇果。叶子在秋季能呈现华丽的秋色。

努特卡蔷薇（Rosa nutkana）

高度：约2米　宽度：约1.2米

开花性：一季花　类型：野生种　香味：淡香

耐寒性：3—8区

　　与多数野生蔷薇高大的株形不同，努特卡蔷薇的株形较为矮小，所以可轻松融入花园环境和设计方案。花朵丁香粉色，中心颜色略深，为金黄色的花蕊创造了一个美妙的背景色彩。橙红色的球形果实相当持久。该种也是一个低维护且少有病虫害的野生种。

曲折法国蔷薇（'Complicata'）

山地玫瑰伍兹蔷薇（*Rosa woodsii* 'Mountain Rose'）

维吉尼亚蔷薇（*Rosa virginiana*）

努特卡蔷薇（*Rosa nutkana*）

达罗之谜（'Darlow's Enigma'）

沼泽蔷薇（Rosa palustris）

沼泽蔷薇（Rosa palustris）

高度：约1.2米　宽度：约1.2米

开花性：一季花　类型：野生种　香味：轻度至中度香

耐寒性：3—9区

　　该种的原产地在北美洲，因被称作Swamp Rose（意为"沼泽蔷薇"）而得名，在贫瘠的沙质土壤中也能健康生长，甚至更好。始花期较晚，可一直持续到夏末，花朵呈纯正的中等粉色。它们比大多数野生蔷薇的花朵更大，特别是北美洲的原生种。沼泽蔷薇也能结出果实，但果实并不大和显眼。这是一种适合在野外生长的野生蔷薇，在野外它可产生大量萌蘖。

达罗之谜（'Darlow's Enigma'）

高度：约3.6米　宽度：约2米

开花性：重复开花　类型：杂交麝香蔷薇/蔓性月季

香味：中度香至浓香　耐寒性：4—10区

　　这是一个杰出的品种，由迈克·达罗（Mike Darlow）于
1993年发现，是蜜蜂的最爱。该品种花量很大，可重复开花，
尤其是在温暖的气候条件下。小而洁白的单瓣或略带半重瓣的
花成簇相拥，秋天会结出大量的红色果实。该品种也可作为蔓
性月季栽培，高度通常超过3.6米，或在较为凉爽的气候条件
下，作为株形优美的灌木栽培。

凯斯琳（'Kathleen'）

高度：作为灌木约2米，作为藤本约3米

宽度：作为灌木约1.2米，作为藤本约2米

开花性：重复开花　类型：杂交麝香蔷薇

香味：中度至浓郁麝香　耐寒性：6—11区

　　虽然它的整体形态特征很像野生种，但实际上是月季育
种家彭伯顿（Pemberton）培育的杂交麝香蔷薇品种，具有良
好的重复开花性。花朵初开时呈胭脂红色，很快就会变成纯白
色，长长的花蕊散发着迷人的香味。它可形成硕大的花序，最
多可达30朵，如果不剪去残花，就会收获一大波小巧可爱的
红色蔷薇果。除了作为大型灌木外，它也是一个极好的藤本品
种。全株几乎无刺，非常健康。比凯斯琳略小，但同样精致壮
观的品种，如丽达玫瑰（'Lyda Rose'）。

樱草蔷薇（Rosa primula）

高度：约2米　宽度：约2.5米

开花性：一季花　类型：野生种

香味：淡香，但叶片有浓郁气味　耐寒性：6—9区

　　这是少数叶片具有明显气味的蔷薇之一。在潮湿的晚上，
或揉碎其叶片，它就会散发出强烈而独特的气味。植株本身有
着与生俱来的魅力，细长的小叶可多至15枚。樱草蔷薇的始花
期较早，花朵呈现出浅浅的报春花黄色。花后它会结出红色的
球形蔷薇果，不过这些果实并不显眼。同其他多数野生蔷薇一
样，在养护管理过程中不需要进行任何修剪。

凯斯琳（'Kathleen'）

樱草蔷薇（Rosa primula）

极具芳香的品种

芳香是许多月季具有独一无二特质的源泉。月季的香味种类十分丰富，令人叹为观止——不仅有经典的老玫瑰香，还有各种果香和辛辣调。尽管许多品种都有香味，但以下香味突出的品种可以栽种在花园里最令人流连忘返的区域，如花园雅座周围，能让人尽情享受。

博斯科贝尔（'Boscobel'）

斯坦威尔永恒（美多，'Stanwell Perpetual'）

高度：约1.5米　　**宽度：**约1.5米

开花性：重复开花　　**类型：**杂交密刺蔷薇

香味：浓郁老玫瑰香　　**耐寒性：**3—9区

这是一个美丽的品种，于1838年在某个村舍花园里被发现，亲本来源不明，但显然是以密刺蔷薇为父本，母本可能源于某个波特兰蔷薇品种，因而该品种可重复开花。柔和的粉红色花朵具有典型的古典蔷薇特征，伴随着浓郁且纯正的老玫瑰香味。即使不开花，植株本身也具有观赏性，可欣赏其优雅的株形和灰绿色的叶片。它是一种紧凑、健康的灌木，能在贫瘠的土壤条件下健康生长，无须额外修剪。

斯坦威尔永恒（'Stanwell Perpetual'）

博斯科贝尔（'Boscobel'）

高度：约1米　宽度：约1米

开花性：重复开花　类型：英国月季　香味：浓郁没药香

注册名：'AUScousin'　耐寒性：5—11区

　　该品种具有英国月季中最浓烈、最独特的香味之一：没药为主调，混合山楂、接骨木、梨和杏仁的特殊香调。其杯状花有许多枚花瓣，颜色从粉色到杏色不等。这是一种健康且相当直立的灌木，花朵直立不常垂头，非常适合混合花境。

保罗的喜马拉雅麝香（'Paul's Himalayan Musk'）

高度：约12米　宽度：约5米

开花性：一季花　类型：蔓性月季　香味：浓郁麝香

耐寒性：5—8区

　　尽管该品种在长势方面并非最出色的，但因其有着浓郁的麝香香味而成为空前绝后的知名品种。这种香味源自无数绽放的半重瓣淡粉色花朵。由于它是大型品种，所以只能种植在高大的乔木旁，否则控制株形会成为巨大的难题。它可能需要数年时间才能将品种的魅力发挥到极致，但如果你的花园有足够大的空间，还是非常值得等待的。

巴特卡普（'Buttercup'）

高度：约1.5米　宽度：约1.2米

开花性：重复开花　类型：英国月季　香味：浓香

注册名：'AUSband'　耐寒性：5—9区

　　多年来，大卫·奥斯汀的英国月季香味鉴定工作是由罗伯特·卡尔金（Robert Calkin）完成的。他是鉴定与描述月季香味的专家，定义香味成分中的每一种香调元素。但**巴特卡普**是个例外，他只能对此描述为"浓香"。它有时会让人联想到橙花香，但有时甚至呈现出可可粉的味道！半重瓣花，呈纯正的金黄色，有大而开展的花序。它可以长得较高，所以以最好布置于混合花境的后侧，但要确保能够靠近以便闻香。

保罗的喜马拉雅麝香（'Paul's Himalayan Musk'）

巴特卡普（'Buttercup'）

金刚钻（'Cape Diamond'）

高度：约1.2米　宽度：约1米

开花性：重复开花　类型：灌木月季

香味：浓郁甜香　注册名：'DARpellerin'

耐寒性：3—8区

　　这是一个几乎完全无病害的品种，有着强烈、辛辣但诱人的香味。它会开出纯正粉色的半重瓣大花。如果不摘除残花，就可结出红色的果实。但为了促其发挥优秀的复花品质，应将残花摘下。它可作为高大的灌木栽培，也可仅保持轻剪，以作为小型藤本月季。该品种非常耐寒。

雅克·卡地亚（'Jacques Cartier'）

高度：约1.2米　宽度：约1米

开花性：重复开花　类型：波特兰蔷薇

香味：浓郁老玫瑰香　耐寒性：5—11区

　　该品种也被称为玛切萨·波希拉（'Marchesa Boccella'），是当之无愧的最佳波特兰蔷薇品种。它的花朵带有浓郁纯正的老玫瑰香，并呈标准的古典花形，大量的花瓣围绕着中央的"纽扣眼"排列成完美的花形。株形直立，最好在周围搭配其他植物。该品种还具有良好的耐阴性，是一个优秀的全能型品种。

格拉汉·托马斯（格雷厄姆·托马斯，'Graham Thomas'）

高度：约1.2米，作为藤本约3米

宽度：约1.2米

开花性：重复开花　类型：英国月季

香味：中度至浓郁茶香

注册名：'AUSmas'　耐寒性：5—9区

　　月季中的茶香味有时很难分辨出来，但在格拉汉·托马斯上却尤为明显，且相当怡人，并带有一点清爽的紫罗兰调子。这种英国月季可以长成相当高的灌木，在温暖的地方，也可以长成优秀的藤本月季。其花朵呈杯状，具有丰富的黄色调。

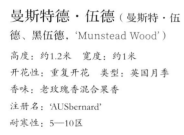

曼斯特德·伍德（曼斯特·伍德、黑伍德，'Munstead Wood'）

高度：约1.2米　宽度：约1米

开花性：重复开花　类型：英国月季

香味：老玫瑰香混合果香

注册名：'AUSbernard'

耐寒性：5—10区

　　这是一个色彩丰富的品种，具有浓郁的香味——老玫瑰香与水果香型（特别是黑莓、蓝莓和西洋李）的完美结合。花朵很大，极度重瓣，呈天鹅绒般的深红色，花瓣基部色彩较淡。它能给花园增添亮点，特别是当它与蓝色花的植物种在一起时。该品种需要一点额外的照顾和关注：刺非常多！

索菲长青（索菲的长青月季，'Sophie's Perpetual'）

高度：约1.5米　宽度：约1.2米

开花性：重复开花

类型：杂交中国月季　香味：浓香

耐寒性：7—10区

　　香水专家罗伯特·卡尔金将**索菲长青**的香味描述成最接近真正香水的味道，这个品种的香味确实堪称顶级。花朵大小适中，呈柔和的粉红色，随花朵开放而逐渐变深——这对中国月季来说很普遍，但对大多数其他月季品种来说非同寻常——这是一种独特的浅红色调。它需要一些时间才能长成巨大的灌木，因此最好仅做轻剪。总之这是一个美丽且不寻常的品种。

萨凡纳（'Savannah'）

高度：约1.2米　宽度：约1米

开花性：重复开花

类型：杂交茶香月季

香味：非常浓郁的果香

注册名：'KORvioros'

耐寒性：5—10区

　　萨凡纳的花朵与一季花的古典蔷薇相似，但该品种的重复开花性优秀，而且有强烈的果香。花色是柔和的鲑鱼粉色，接近纯正的粉色，每朵花大约有150枚花瓣！该品种非常健康，株形紧凑。它曾在比尔特莫国际月季大赛中斩获三个奖项，包括全场最佳月季奖。无论在炎热潮湿还是酷热干燥的环境条件下均表现良好。

伊斯法罕（'Ispahan'）

伊斯法罕（'Ispahan'）

高度：约1.5米　宽度：约1.2米

开花性：一季花　类型：大马士革蔷薇　香味：浓郁老玫瑰香

耐寒性：4—10区

　　伊斯法罕是最优秀的古典蔷薇品种之一，具有美丽的花朵和浓郁美妙的老玫瑰香味。纯正的中等粉色花朵，开放时呈完美的莲座状花形。该品种是大马士革蔷薇品种中开花最早的，也是最晚结束盛花期的。另外它还有一个特点——半常绿。

康斯坦·斯普赖（风采连连看、康斯坦斯精神，'Constance Spry'）

高度：约2米，作为藤本约3米　宽度：约2米

开花性：一季花　类型：英国月季　香味：浓郁没药香

注册名：'AUSfirst'　耐寒性：5—9区

　　康斯坦·斯普赖是大卫·奥斯汀的英国月季创始之作，于1961年推出。它有大而纯正的玫瑰粉色花朵，有极其浓郁的没药香味，在此之前，这种香味几乎是不存在的。该品种可以作为大型灌木种植，不过作为藤本的效果更好，花期时满枝繁花映入眼帘，令人印象深刻。

格特鲁德·杰基尔（'Gertrude Jekyll'）

高度：约1.5米，作为藤本约3米

宽度：约1米　开花性：重复开花　类型：英国月季

香味：浓郁老玫瑰香　注册名：'AUSbord'　耐寒性：4—9区

　　格特鲁德·杰基尔是香味最好的品种之一，拥有浓烈而美妙的老玫瑰香味。大而纯正的粉红色花朵，花瓣呈莲座状排列。它可长成中等大小的灌丛，可与其他植物相映成趣。此外，它也可作为优秀的藤本品种（见第213页）。

康斯坦·斯普赖（'Constance Spry'）

汉莎（'Hansa'）

高度：约2米　宽度：约1.5米

开花性：重复开花　类型：杂交玫瑰

香味：浓郁老玫瑰香　耐寒性：3—9区

　　玫瑰以极强的适应性和耐寒性、硕大而剔透的果实以及花朵美妙的香味而备受青睐。**汉莎**兼具以上优点。有着亮粉色的重瓣花，在花后能结出硕大的鲜红色蔷薇果。浓郁且诱人的老玫瑰香味令人陶醉。这是一个株形较大、多刺的玫瑰品种，无论是作为树篱还是在混合花境中，它的表现都很出色。

汉莎（'Hansa'）

艾玛·汉密尔顿夫人（'Lady Emma Hamilton'）

艾玛·汉密尔顿夫人（'Lady Emma Hamilton'）

高度：约1米　**宽度：**约1米

开花性：重复开花　**类型：**英国月季　**香味：**浓郁果香

注册名：'AUSbrother'　**耐寒性：**5—9区

　　这个品种拥有一种令人愉悦的香味，由丰富的水果香型混合而成——柑橘香混合强烈的梨与葡萄的味道，有时甚至会呈现出番石榴与荔枝的清香。**艾玛·汉密尔顿夫人**还因其叶片的深铜色而引人注目，尤其是新叶。花朵呈杯状，花瓣内侧是丰富的橘黄色，与背面的橙黄色完美搭配。它有时需要一些额外的照顾与关注，以促进其更好地生长与开花。

丹麦女王（'Königin von Dänemark'）

高度：约1.5米　**宽度：**约1米

开花性：一季花　**类型：**白蔷薇　**香味：**浓郁老玫瑰香

耐寒性：4—9区

　　它是古典蔷薇中最华丽的品种之一，又称'Queen of Denmark'。纯净的浅粉色花朵，花瓣密集的中心处色彩逐渐加深，中央有一个纽扣眼。繁花在灰绿色叶片的衬托下显得更加美丽，伴随着沁人心脾的经典老玫瑰浓香。如果每年冬天进行修剪，其株形趋于直立，而在其他情况下会显得更加开展，呈拱形。其适应性强，是一个坚韧可靠的品种。

丹麦女王（'Königin von Dänemark'）

校长（'Rambling Rector'）

高度：约8米　宽度：约5米

开花性：一季花　类型：蔓性月季　香味：浓郁麝香

耐寒性：6—9区

　　这是最知名的蔓性月季品种，虽然其知名度与品种名有很大关系，但它是名副其实的优秀品种。当成千上万的群花盛放时，无数半重瓣的白色小花遮枝蔽叶。它们产生的香味令人印象深刻，可遍及数米之外。众多橙色的娇小果实紧随其后。**校长**生命力极强，在花园中应用时需精心选址，最好能长在高大的乔木旁（见第216页）。该品种与同样大小的**海鸥**（'Seagull'）形态特征十分相似，若这两个品种不加以区分和标注，就很容易被苗圃混淆出售。

秋大马士革（秋绫、四季大马士革蔷薇，'Autumn Damask'）

高度：约2米　宽度：约1.5米

开花性：重复开花　类型：大马士革蔷薇

香味：浓郁老玫瑰香　耐寒性：4—9区

　　秋大马士革也被称为**四季大马士革蔷薇**（'Quatre Saisons'）、*R. × damascena* var. *bifera* 或 *semperflorens*。花如其名，花期不止一季——对可追溯至1660年前后的古典蔷薇来说，是前所未见的。松散的重瓣花，呈纯正的玫瑰粉色。研究月季香味的罗伯特·卡尔金评价道："阳光的芬芳就源于这个品种。"尽管该品种的灌丛状株形看起来不够整齐，但可用多年生植物混种在周围，以弥补和掩盖整体株形效果上的不足。

白甘草（'White Licorice'）

高度：约1.2米　宽度：约1米

开花性：重复开花　类型：丰花月季　香味：浓香

注册名：'WEKdidusinra'　耐寒性：5—9区

　　顾名思义，该品种有着强烈的甘草味，尽管其中也有可爱的柠檬味。**白甘草**是典型的丰花月季品种，不过初绽的花朵看上去更像杂交茶香月季，呈柔和的柠檬黄色。随着花朵完全打开，花瓣张开并露出雄蕊，则会变成白色或奶油色。该品种花开不断，且适合作为切花。

雷格拉夫人（'Madame Legras de St. Germain'）

高度：约2米，作为藤本约2.5米　宽度：约1.5米

开花性：一季花　类型：白蔷薇

香味：浓郁老玫瑰香　耐寒性：5—9区

　　这是一个相当神秘的品种，它的亲缘关系不详，类群的归属也难以定义。但它是花园中值得拥有的品种，尤其是优秀的白花品种并不多见。花朵极度重瓣，无数花瓣围绕着中心的纽扣眼呈螺旋状排列。它可作为较为松散的灌木品种栽培，但作为藤本月季效果更佳。该品种的一个显著特征是几乎无刺。

校长（'Rambling Rector'）

白甘草（'White Licorice'）

秋大马士革（'Autumn Damask'）

雷格拉夫人（'Madame Legras de St. Germain'）

151

适合作为切花的品种

能够亲手种出属于自己的月季鲜花，实现鲜花自由，可以收获无限乐趣。尽管庭院或花园品种也许不及切花品种的花期长，但它们有着更丰富多样的花形特点与香味。从野生蔷薇到现代杂交茶香月季，可胜任各式各样的装饰风格。

瑞典女王（'Queen of Sweden'）

瑞典女王（'Queen of Sweden'）

高度：约1.2米　宽度：约1米

开花性：重复开花　类型：英国月季　香味：中度没药香

注册名：'AUStiger'　耐寒性：5—10区

大多数英国月季品种给人以松散灌丛状株形的印象，会形成美丽、轻盈的整体效果。但如果你想要一个枝条较硬、较直的品种，那么**瑞典女王**是最好的选择。花瓣以整齐的莲座状紧密排列，初开时是柔和的桃红色，之后逐渐转为淡粉色。香味也会随时间推移而有所变化，但在最完美的时刻，是一种好闻的没药香型。该品种可长成狭窄、直立的灌木，要想创造出绝佳的观赏效果，最好应用于小型景观中。此外，它还是作为绿篱的绝佳选择（见第164页）。

红叶蔷薇（*Rosa glauca*）

红叶蔷薇（紫叶蔷薇，*Rosa glauca*）

高度：约2米　宽度：约1.5米

开花性：一季花　类型：野生种　香味：微香或无香

耐寒性：2—9区

红叶蔷薇的花富有原始之美，而且也可剪下作为插花，但该种呈梅紫色至青灰色的新梢枝叶，深受花店喜爱。枝条也呈现出动人的紫色，可搭配偏白色的花朵。如果你希望它产生更多嫩枝，那你至少需要在每年冬天对部分枝条进行重剪。该种在秋天还会结出一串鲜红色的果实。

罗尔德·达尔（'Roald Dahl'）

高度：约1米　宽度：约1米

开花性：重复开花　类型：英国月季　香味：中度茶香

注册名：'AUSowlish'　耐寒性：5—10区

这是一个精致的品种，适合作为欢快主题花园的品种选择。与橙红色的花蕾相比，花朵开放时呈纯杏色，大小适中，没有太多的花瓣，因此花头不是很重，更易与其他植物搭配。正如这些花朵盛开在花园时一样，插在花瓶里也可与各种其他颜色的花朵完美融合，尤其是与丁香和薰衣草堪称绝配。**罗尔德·达尔**有一种美妙的茶香，植株非常健康。

罗尔德·达尔（'Roald Dahl'）

尚多斯美人（'Chandos Beauty'）

高度：约1.2米　宽度：约1米

开花性：重复开花

类型：杂交茶香月季　香味：浓郁甜香

注册名：'HARmisty'　耐寒性：6—9区

尚多斯美人是典型的可作为切花的杂交茶香月季品种。其高杯、满心的花朵伴随着强烈而美妙的芬芳。琥珀色与奶油色的精美组合，偶尔会带有一点粉晕。该品种长势健康，叶色深绿，抗病性强，在规则式花坛或混合花境中都能成为点睛之笔。

戴斯蒙·图图（青梅之爱，'Desmond Tutu'）

高度：约1.2米　宽度：约1米

开花性：重复开花

类型：杂交茶香月季

香味：轻度至中度香

注册名：'KORtutu'　耐寒性：5—11区

该品种初绽的花朵是标准的杂交茶香月季花形，随后以一种完美的满心形式绽放。它作为切花，置于室内可以维持很长时间，这样的一束鲜花可制成精美的礼物。深绿色的叶片富有光泽，而且非常健康。该品种适应性极强，能在各种环境条件下生长良好，包括炎热干燥的地方，此外，它也可种植于阴凉处或沿海花园。

"关注月季花朵绽放的每一个阶段：从含苞待放至花朵初绽，再到全开的花朵，十之八九各不相同，随着花朵趋于凋谢，可能又会发生巨大的改变。"

英格兰荣光（'Pride of England'）

高度：约1米　宽度：约60厘米

开花性：重复开花

类型：杂交茶香月季　香味：中度香

注册名：'HARencore'　耐寒性：5—10区

　　这是一个经典的大红色杂交茶香月季品种。直立的茎干上绽放着具有芳香的硕大花朵，直径可达10厘米，呈暗红色，这样标致的"红玫瑰"是正式场合或赠与所爱之人的绝佳选择。该品种生命力很强，经修剪后很快就能更新复壮。不过，该品种在冬季可能需要一些额外防护，以抵御严寒风霜。

粉色魅力（巴登巴登纪念、金粉回忆，'Pink Enchantment'）

高度：约1米　宽度：约75厘米

开花性：重复开花

类型：杂交茶香月季

香味：中度至浓郁果香

注册名：'KORsouba'　耐寒性：5—9区

　　该品种也常被称为**巴登巴登纪念**（'Souvenir de Baden Baden'），是一个精致且健康的品种，既可用于花境，也可用于切花。它的特点是每枝仅开1—3朵花，初开时呈典型的高心状，花瓣边缘有时具有独特的波浪边。与很多杂交茶香月季全开时皱得像抹布的缺点不同，该品种完全打开时的花朵依旧美丽动人，魅力不减。初开时，花朵是柔和的奶油色，略带一丝桃红色，打开时这种桃红色就更加明显。此外，该品种有着美妙的果香，结合了荔枝、西洋李和接骨木花的香调。它的瓶插寿命较长，是优秀的切花月季。

晴空（'Sunny Sky'）

高度：约1.2米　宽度：约1米

开花性：重复开花

类型：杂交茶香月季

香味：轻度至中度果香

注册名：'KORaruli'　耐寒性：5—9区

　　无论你喜欢杂交茶香月季的精致花形，还是更钟爱古老月季的魅力，**晴空**集合了良好切花品种的各种优势于一身。初开时是经典的杂交茶香月季花形，但随着时间的推移，这些美丽的花瓣并不会变形，反而更像古老月季。花色是欢快的蜜黄色，随着时间的推移而变淡。当你选用用于切花的品种时，良好的适应性与抗病性是重要的考虑因素，作为屡获殊荣的品种，它的抗病性优秀。尽管香味不够浓郁，但令人倍感愉悦。茎干直立粗壮且挺拔，也是用于花园花境搭配的绝佳选择。

詹姆斯·奥斯汀（'James L. Austin'）

詹姆斯·奥斯汀（'James L. Austin'）

高度：约1.2米　宽度：约1米

开花性：重复开花　类型：英国月季　香味：轻度至中度果香

注册名：'AUSpike'　耐寒性：5—11区

　　从花形上看，**詹姆斯·奥斯汀**的花朵像极了波特兰系的古老品种**雅克·卡地亚**，许多花瓣完美地排列在中央的"纽扣眼"周围。但该品种相比**雅克·卡地亚**的色彩要深一些，呈深粉色。它长势旺盛，是一个健壮的品种，适合种在花园的各个区域。花朵富含果香，也可作为精致的切花。

织工马南（'Silas Marner'）

高度：约1米　宽度：约1.4米

开花性：重复开花　类型：英国月季

香味：中度至浓郁老玫瑰香　注册名：'AUSraveloe'

耐寒性：5—10区

　　织工马南的拱形枝条，在与其他花卉搭配的自由式插花组合中别具一格。同样，在花园里它也是混合花境的绝佳选择之一。中等大小、杯状的花朵呈柔和的粉红色，花瓣外侧和底部的颜色较淡。其香型为中等强度的老玫瑰香，带有柠檬、绿香蕉和杏子的果味。这是一个非常健康的品种。

织工马南（'Silas Marner'）

缫丝花（*Rosa roxburghii*）

适合观叶、观果、观刺的品种

除了可以欣赏花朵的娇艳与美丽外，有些月季或蔷薇品种的叶片具有独特的芳香。有些品种则因其鲜艳的蔷薇果而备受推崇，不同种类或品种的蔷薇果在形状、大小、颜色等方面各有差异，不过通常都能保持到冬季。还有些品种甚至具有醒目的皮刺，在阳光照耀下光彩夺目。

"蔷薇果有各种各样的形状、大小和颜色，对众多野生动物来说，简直就是大自然馈赠的美味。"

姗姗而来（'Tottering-by-Gently'）

缫丝花（*Rosa roxburghii*）

高度：约2米　宽度：约2米

开花性：一季花　类型：野生种　香味：淡香或无香

耐寒性：6—9区

　　这个种十分独特，不仅在于它的果实，还因为它的花朵。它也被称作 Chestnut Rose（意即"栗子蔷薇"），这正是因为它的果实与欧洲七叶树（Horse Chestnut，又称"马栗"）的果实很相似——表面有许多软刺。硕大的果实呈扁球形，成熟后不像大多数种类那样变成橙色或红色，而是变成柔和的黄色。仅五瓣的单瓣大花呈现出柔和的粉红色，中心白色。该种为大灌木，因此需要足够的空间。另外，它具有与大多数蔷薇属种类不同的特征——成熟茎干的树皮呈片状剥落，每枚复叶都有很多小叶。而缫丝花的一种变型——重瓣缫丝花，不结果实。

姗姗而来（'Tottering-by-Gently'）

高度：约1.2米　宽度：约1.2米

开花性：重复开花　类型：英国月季　香味：轻度至中度麝香

注册名：'AUScartoon'　耐寒性：5—10区

　　大多数可观果的月季品种通常植株高大，可达约2米或更高，在小花园中很难适应。**姗姗而来**是中型品种，单瓣的黄色花朵在混合花境中能够作为点睛之笔。如果不修剪残花，它在初秋会结出大量中等大小的橙红色果实，一直保持到冬季。这是一个极其优秀、坚韧可靠的品种。

扁刺峨眉蔷薇（*Rosa sericea* subsp. *omeiensis* f. *pteracantha*）

高度：约2.5米　宽度：约2米

开花性：一季花　类型：野生种　香味：微香或无香

耐寒性：6—9区

　　它的拉丁学名也可写作*R. omeiensis* 'Pteracantha'，在阳光的照耀下，枝干上血红色、宽扁形的大皮刺会给人带来独特的视觉享受。而这种皮刺仅出现在当年生枝条上，因此为了确保其长出大量的幼枝，每年都应进行大量的修剪。扁刺峨眉蔷薇仅在老枝上开花，花小而白，只有4枚花瓣。果实很小，鲜红色，成熟即脱落。

扁刺峨眉蔷薇（*Rosa sericea* subsp. *omeiensis* f. *pteracantha*）

威廉·洛博（'William Lobb'）

锈红蔷薇（香叶蔷薇、甜石楠，*Rosa rubiginosa*）

高度：2.5米以上　宽度：2.5米以上

开花性：一季花　类型：野生种　香味：轻度至中度香

耐寒性：5—9区

　　锈红蔷薇又称香叶蔷薇（即本种异名*R. eglanteria*，或*eglantine*）、甜石楠（Sweet Briar），原产于不列颠群岛和欧洲大部分地区。它与犬蔷薇的形态特征较为相似，但花色更深一些，茎上的刺更多（看上去确实令人生畏）。花后它会结出光彩夺目的深红色球形果实，可一直保持到冬季。其嫩叶在雨后或轻轻压碎时会散发出青苹果般的清香。为了获得最好的香味，你需要不断修剪，这意味着不会有花和果实，除非你留下一些枝条继续生长。该种宜栽培于碱性土壤中。

锈红蔷薇（*Rosa rubiginosa*）

威廉·洛博（'William Lobb'）

高度：约2.5米　宽度：约1.5米

开花性：一季花　类型：苔蔷薇　香味：浓香　耐寒性：5—9区

　　威廉·洛博是苔蔷薇系列中最抗病的品种之一。大而深红色的花朵，随着时间的推移，会呈现出丰富且深邃的淡紫色。花有浓郁的香味，而且"苔藓"也有一种奇妙的树脂味。若不加修剪，它就可以长成高大的藤本植物，可长到3—4米高。它也可修剪成灌木，高1.5—2米。

赏心悦目（'Easy on the Eyes'）

高度：约1米　宽度：约1米

开花性：重复开花　类型：灌木月季　香味：淡香

注册名：'WEKswechefy'　耐寒性：5—9区

　　波斯蔷薇（*Rosa persica*）曾被命名为*Hulthemia persica*，在当时甚至不被认为是蔷薇属植物。它具有与其他蔷薇属植物截然不同的单叶，醒目的黄色花朵中央有独特的红色心斑。月季育种家们试图将这种特性引入可重复开花的品种中。杰克·哈克内斯（Jack Harkness）最早推出了**底格里斯**（'Tigris'，1975年）和**幼发拉底**（'Euphrates'，1980年）。遗憾的是，这两个品种极易感染黑斑病，因为波斯蔷薇原产于伊朗、阿富汗及中亚的干燥气候地区，从未有黑斑病的困扰。近年来，人们重新对这类品种产生了兴趣，培育了数个优秀且能重复开花的深色心斑品种。**赏心悦目**是其中最好的品种之一，半重瓣的粉红色花朵，中心呈深紫色。花期开花不断，并且植株非常健康。

单瓣白玫瑰（*Rosa rugosa* 'Alba'）

高度：约1.2米　宽度：约1.2米

开花性：重复开花　类型：野生种　香味：浓郁老玫瑰香

耐寒性：2—9区

　　该品种与原始的粉花玫瑰的果实同为鲜红色，富有光泽，可及樱桃番茄的大小。大而单瓣的白色花朵，从初夏至晚秋都可开花，这在野生种蔷薇属植物当中是很罕见的。玫瑰产自日本北部、朝鲜、西伯利亚和中国东北部的海岸。在花园里，多刺的茎可以形成一道难以逾越的树篱屏障。该品种适应性与耐寒性极强，在贫瘠的土壤条件下也能茁壮成长；此外，同样适合栽种于混合花境中，具有优秀的抗病性。

赏心悦目（'Easy on the Eyes'）

单瓣白玫瑰（*Rosa rugosa* 'Alba'）

慷慨的园丁（'The Generous Gardener'）

慷慨的园丁（'The Generous Gardener'）

高度：约2米，作为藤本约4米　宽度：约3米
开花性：重复开花　类型：英国月季
香味：浓郁老玫瑰香，混合麝香与没药香
注册名：'AUSdrawn'　耐寒性：5—10区

这是一个极好的藤本月季品种，如果不剪去残花，就能收获一大片橙色的果实，一直保持到冬天。让果实生长可能会影响盛花期后的花量，但牺牲花量以收获满枝秋实的做法也是值得的。它的花朵很大，呈松散的重瓣，粉色花会随着时间的推移而变淡。花朵打开时如睡莲般美丽迷人，并有一种美妙的香味。**慷慨的园丁**也可以作为大型拱形灌木栽培，但作为藤本月季效果更佳。其嫩叶呈明亮的古铜色，植株一直都很健康。

密刺蔷薇（*Rosa spinosissima*）

高度：约1米，通常更矮
宽度：不固定，可通过根蘖扩展地盘
开花性：一季花　类型：野生种　香味：中度香至浓香
耐寒性：3—9区

密刺蔷薇也被称为苏格兰蔷薇（Scotch Rose）或地榆叶蔷薇（Burnet Rose），又名*R. pimpinellifolia*，该种及其部分杂交品种是仅有的能长出黑色蔷薇果的种类。它的复叶有许多小而深色的小叶。花单瓣，呈乳白色，有美妙的香味。这是一种适应性极强的蔷薇，在野外平铺生长，甚至可以生长在沙丘上，但在更好的土质条件下会长得更高。

天竺葵（'Geranium'）

高度：约2.5米　宽度：约2.5米
开花性：一季花　类型：野生种　香味：淡香
耐寒性：3—8区

该品种即知名的华西蔷薇栽培种**天竺葵**（*Rosa moyesii* 'Geranium'，尽管Geranium实为"老鹳草"之意），也是最著名的观果品种之一。它的果期并不长，但非常引人注目——果实下垂，旗形，呈鲜艳的朱红色。该品种的花朵呈同样的红色，黄色的花蕊使其更加突出。该品种株形较大，因此需要种植在有足够空间的地方，以充分发挥其魅力。

密刺蔷薇（*Rosa spinosissima*）

天竺葵（'Geranium'）

适合作为树篱的品种

月季可精心培植成各种风格和高度的绿篱，从低矮规整到高大繁密，形式多样。月季树篱色彩鲜艳，芬芳四溢，还可以作为各种野生动物的宝贵食物来源和庇护场所。

星河（尘世、宇宙，'Kosmos'）

高度：约1米　宽度：约60厘米
开花性：重复开花　类型：丰花月季　香味：淡香
注册名：'KORpriggos'　耐寒性：6—9区

该品种生长整齐直立，抗病性极强，是花园规则式绿篱的最佳选择。**星河**被归于经典丰花月季品种，也许是因为该品种的花形看上去相对松散，但实际上，层层叠叠的花瓣排列得相当整齐。花朵初开时为桃红色，随着时间的推移逐渐变淡，褪变成奶油色。因其出色的抗病性而在欧洲荣获大奖。

瑞典女王（'Queen of Sweden'）

高度：约1.2米　宽度：约1米
开花性：重复开花　类型：英国月季　香味：中度没药香
注册名：'AUStiger'　耐寒性：5—9区

瑞典女王株形直立硬挺，适合作为花园中整齐的内部边界。花朵标致不垂头，呈中等大小的莲座状。花朵初开时是柔和的杏色，随着时间的推移，逐步变成柔和的粉红色。香味虽然不浓，却是一种柔和且美妙的没药香调。**瑞典女王**的重复开花性很好，而且非常健康。

星河（'Kosmos'）

瑞典女王（'Queen of Sweden'）

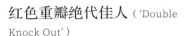

红色重瓣绝代佳人（'Double Knock Out'）

高度：约1.2米　宽度：约1.2米

开花性：重复开花　类型：灌木月季

香味：淡香　注册名：'RADtko'

耐寒性：5—11区

2000年，"绝代佳人"系列的首个品种——绝代佳人（'Knock Out'）推出，彻底改变了整个月季界的发展格局。从那以后，更多该系列的品种相继面世。其中绝大多数（称不上全部品种）都可制作成漂亮的绿篱。顾名思义，**红色重瓣绝代佳人**比原始版本的花瓣更多（大约20枚），而且同样是樱桃红色。它能开花不断，而且相当健康，是制作绿篱的绝佳选择。

全垒打（'Home Run'）

高度：约1.2米　宽度：约1米

开花性：重复开花

类型：灌木月季　香味：无

注册名：'WEKcisbako'

耐寒性：5—9区

当**绝代佳人**在2000年首次推出之后，很快就有育种家尝试用它作为培育新品种的材料。**全垒打**即为最早的育种成果之一，它由汤姆·卡鲁斯（Tom Carruth）培育，并于2006年推出。它与**绝代佳人**很相似，但更健康，特别是抗白粉病。每朵花仅有5枚花瓣，而**绝代佳人**的花瓣数量则要多几枚，这意味着**全垒打**的雄蕊更加突出，增添了它特有的美感。花色是纯正的红色，即使有褪色的情况，也只是很少一点。该品种在花期开花不断，重复开花性好，是一个完美的绿篱品种。

黄宝石（黄色哈斯特鲁普夫人，'Topaz Jewel'）

高度：约1.2米　宽度：约1米

开花性：重复开花

类型：玫瑰　香味：中度香

耐寒性：4—8区

玫瑰及其变型和杂交品种，都是完美的绿篱品种。它们适应性极强，可重复开花，具有香味，且通常没有病害。虽然**黄宝石**并非完全抗病，但不妨碍它是一个优秀的品种。多刺的枝条使其能形成有效的屏障。芳香的半重瓣花朵起初呈蛋黄色，逐渐变成柠檬色、奶油色和白色。它也被称为**黄色哈斯特鲁普夫人**（'Yellow Dagmar Hastrup'），总体来说是一个坚韧且耐寒的品种。

邱园（'Kew Gardens'）

高度：约1.2米　宽度：约1.2米

开花性：重复开花　类型：英国月季

香味：微香　注册名：'AUSfence'

耐寒性：5—11区

　　邱园堪称一流的绿篱品种。单瓣白花成簇绽放，从基部蔓延至枝顶，而且有极佳的重复开花性。此外，它有一个很大的优点：完全无刺，这对在周围开展除草工作的园丁来说非常友好。该品种在混合花境中的效果也很出众，是一个非常健康的品种。

托马斯·贝克特（'Thomas à Becket'）

高度：约1.5米　宽度：约1.2米

开花性：重复开花　类型：英国月季

香味：中度老玫瑰香

注册名：'AUSwinston'　耐寒性：5—9区

　　适合制作绿篱的优秀红色品种并不常见，**托马斯·贝克特**就是罕见的例子。该品种与野生蔷薇的亲缘关系密切，使其具有独特的形态特征。它的长势相当直立，但非常茂盛，最终会略呈拱形。鲜艳的深红色花朵起初呈浅杯形，然后逐渐打开，呈不规则的莲座状花形，外层花瓣向后反折。该品种可制作成壮观、结实的树篱。

莫蒂默·赛克勒（'Mortimer Sackler'）

高度：约2米　宽度：约1.2米

开花性：重复开花　类型：英国月季

香味：轻度至中度果香，混合老玫瑰香

注册名：'AUSorts'　耐寒性：5—11区

　　莫蒂默·赛克勒具有一系列典型的识别特征，它的花朵大小适中，叶片和枝条也很有特点。花蕾初开时是玫瑰粉色，随着花朵逐渐打开，褪变成柔和的粉色，重瓣花松散，随着花朵开放程度的变化，花色会继续变淡。深色的叶子与几乎无刺的茎干相映成趣。它可以作为小型藤本品种栽培，也可作为大型灌木——由于它的刺很少，所以可以形成壮观且通透的自由式绿篱。该品种同样适合种植于花境的后侧。

奥利维亚（奥利维亚·罗斯·奥斯汀，'Olivia Rose Austin'）

高度：约1.2米　宽度：约1米

开花性：重复开花　类型：英国月季

香味：轻度至中度果香　注册名：'AUSmixture'

耐寒性：5—11区

对于任何用于绿篱、大规模种植或混植的品种，植株健康是一个首要条件，而**奥利维亚**就是其中最理想的选择。它的花期很长，比其他大多数品种早2—3周，然后很快复花。硕大的浅粉色花朵，许多花瓣会整齐、漂亮地排列成莲座状。

哈洛·卡尔（'Harlow Carr'）

高度：约1米　宽度：约1米

开花性：重复开花　类型：英国月季

香味：中度至浓郁老玫瑰香　注册名：'AUShouse'

耐寒性：5—11区

哈洛·卡尔非常多刺，植株呈拱形，枝条相互交错，形成难以逾越的树篱。花朵大小适中，呈玫瑰粉色，芳香宜人。这是一个相当健康的品种，可以种植在花园的许多地方，无论是规则式还是自由式景观都合适。

哈洛·卡尔（'Harlow Carr'）

奥利维亚（'Olivia Rose Austin'）

适合温暖向阳墙面的品种

虽然所有的月季、玫瑰、蔷薇都需要每天至少数小时的阳光，但以下品种是真正的"阳光爱好者"。它们更喜欢肥沃的土壤和充足的水分，需要定期浇水，但它们终将以似锦繁花和浓郁芬芳回报你的付出。

阿罗哈（'Aloha'）

阿罗哈（'Aloha'）

高度：约3米　宽度：约2米
开花性：重复开花　类型：藤本月季
香味：浓郁果香　耐寒性：5—10区

　　阿罗哈由尤金·博纳（Eugene Boerner）培育，于1949年推出。他培育的品种范围很广，最出名的是丰花月季。不过，该品种属于藤本月季，也是他的代表作之一。为了追求更强健的株形、良好的重复开花性和更好的抗病性，大卫·奥斯汀将其作为他的"利安德"（Leander）系列品种的重要亲本来源。阿罗哈相当健康，既能长成高大的灌木，也可栽培成小型藤本月季。大而满心的重瓣花，主色为浓郁的粉色，但仔细看会留意到一抹杏色。它有着热情的水果芬芳，且重复开花性优秀。

藤本荷兰之星（'Climbing Étoile de Hollande'）

高度：约4米　宽度：约2.5米
开花性：重复开花　类型：杂交茶香月季
香味：浓郁老玫瑰香　耐寒性：6—10区

　　荷兰之星是以香味著称的品种之一。具有浓郁而美妙的芬芳——丰富、甜美、老玫瑰香型。天鹅绒般的深红色花朵在完全开放时略显变型，但初开时是经典的杂交茶香月季花形。该品种是一种长势旺盛的藤本月季，需要足够的空间，长长的枝条很容易向两侧扩展。如果不修剪残花，它能结出一串串火红的果实。它易受黑斑病影响，但只要多加注意，它就是花园里表现优秀的品种。此外，这也是一个多用途品种，也适合半阴墙面（见第192页），但要避免种植在阳光非常强烈的地方。

慷慨的园丁（'The Generous Gardener'）

高度：约4米　宽度：约3米
开花性：重复开花　类型：英国月季
香味：浓郁老玫瑰香，混合茶香与没药香
注册名：'AUSdrawn'　耐寒性：5—11区

　　该品种最初是作为大型灌木推出的，但很快发现它作为藤本月季更出色。它最适合靠墙生长，长而坚硬的枝条可伸展开来，不过用于凉亭或棚架上也很出色，便于人们品闻其美妙的香味——混合了老玫瑰、没药和茶香香调。它的花朵很大，呈柔和的粉红色。如果不摘去残花，它会结出大量橙红色的果实。

藤本荷兰之星（'Climbing Étoile de Hollande'）

慷慨的园丁（'The Generous Gardener'）

阿兹玛赫德（吉莱纳·德·费利贡德，'Ghislaine de Féligonde'）

高度：约3米　宽度：约2米
开花性：重复开花　类型：蔓性月季
香味：中度麝香　耐寒性：5—10区

　　这是一个有着百年历史的品种，然而它的优良品质和园林应用价值直至近几年才被人们广泛认可。它可以作为大型拱形灌木栽培。但因为几乎无刺的枝条和中等程度的长势，所以它也是制作花墙的理想选择。只要浇水充足，向阳面墙体提供的热量会促其开出更多的花。花朵娇小可爱且重瓣，颜色在柔和的杏色和粉红色之间不断变化。它也是一个足够坚韧可靠的品种。

波尔卡（'Polka'）

高度：约3.6米　宽度：约2.5米
开花性：重复开花　类型：藤本月季
香味：轻度至中度果香　注册名：'MEItosier'
耐寒性：5—9区

　　这是一个多用途的品种，可作为灌木或藤本月季栽培——取决于气候条件和修剪方式。丰富的杏色花朵，随着开放阶段的变化而逐渐褪色，呈现出变化万千的迷人色彩。该品种长势健康且易于栽培。

波尔卡（'Polka'）

阿兹玛赫德（'Ghislaine de Féligonde'）

172

优丝塔夏·福爱（福爱，'Eustacia Vye'）

高度：约2米　宽度：约1.2米

开花性：重复开花　类型：英国月季

香味：浓郁果香　注册名：'AUSegdon'

耐寒性：5—11区

优丝塔夏·福爱在市面上通常作为灌木品种推广（见第109页），但它也是一个极好的小型藤本品种，非常适合栽植于栅栏或暖墙旁。花朵美丽动人，并有着强烈的美妙果香，不愧是一个出色的品种。花朵初开时为深杯状，逐渐绽开后会露出许多小花瓣，略带褶皱。花朵呈闪闪发光的浅杏粉色，起初颜色较浓，随着时间的推移会逐渐变淡。

金门（'Golden Gate'）

高度：约3米　宽度：约2米

开花性：重复开花　类型：藤本月季

香味：中度甜美果香

注册名：'KORgolgat'

耐寒性：5—10区

这是一个非常健康的品种，无论置于花园何处，在任何条件下都能脱颖而出。花朵很大，直径可达10厘米，呈明亮的金黄色，并带有一种特别美味的果香——柑橘香气，混合着浓郁的热带风情。**金门**特别适合种植在墙壁和围栏旁，甚至是部分背阴的墙面也能适应。该品种枝条并不算僵硬，因此可以在拱门上进行牵引。

普朗夫人（'Madame Plantier'）

高度：约3米　宽度：约2.5米

开花性：一季花　类型：白蔷薇

香味：浓郁甜美老玫瑰香

耐寒性：4—11区

令人遗憾的是，这个充满魅力的品种在花园中并不常见，也许仅仅因为它不能重复开花。它含苞待放的娇小花蕾带有柔和的粉红色，而绽放时则是中等大小的、纯白色且丰满的花朵。层层叠叠的花瓣，完美地排列在中心绿色的纽扣眼周围。它的香味美妙而浓郁。无刺且细长的枝条呈拱形，可以打造成一个利落的球形灌丛，但最好的效果是牵引上墙、栅栏或方尖碑，或是打理成小型树状蔷薇。该品种源自怒塞特蔷薇与白蔷薇杂交，兼具白蔷薇的耐寒性，以及怒塞特蔷薇的耐热性。

藤本春水绿波（藤本赫伯特·史蒂文斯夫人，'Climbing Mrs Herbert Stevens'）

高度：约5米　宽度：约3米

开花性：重复开花

类型：杂交茶香月季　香味：浓郁茶香

耐寒性：7—9区

这个品种在1922年首次作为藤本月季品种推出。当时的绝大多数品种已被淘汰，如今鲜有栽培，而该品种的卓越品质经受住了时间的考验。事实上，该品种最初是在1910年作为灌木品种春水绿波培育出来的，随后发现的一个芽变才产生了该藤本品种。二者都有无可挑剔的花朵——杂交茶香月季经典的高心花形，甚至比许多现代品种更精致。硕大、洁白的花朵，中心略带黄色。花朵开放后逐渐垂头，这对灌木品种是个缺点，但对该藤本品种来说则成了优势——更容易让人们欣赏花朵的全貌。它的香味尤为浓郁，令人流连忘返。此外，该品种作为生长旺盛的藤本，枝条也相对硬挺，因此需要足够的空间。

独立日（七月四日，'Fourth of July'）

高度：约3米　宽度：约2米

开花性：重复开花　类型：藤本月季

香味：中度果香　注册名：'WEKroalt'

耐寒性：5—10区

这是一个十分出众的藤本品种。中等大小的花朵，呈现出各种红与白的绝妙花色组合，每朵花都显得与众不同，几乎全年花开不断。它在许多气候条件下都表现良好，植株高度差异很大——在较冷的地区可长成高大的灌木；而在炎热地区则是株形巨大的藤本月季，可达4.5米。

替立尔夫人（'Monsieur Tillier'）

适合炎热、潮湿气候条件的品种

对多数月季品种来说，这也许是相当具有挑战性的气候，但不是全部。以下品种即便种植于温度高达32℃的潮湿地区，也能开出完美的花朵，生长状态良好。

至高无上（'Altissimo'）

替立尔夫人（'Monsieur Tillier'）

高度：约2米　宽度：约1米

开花性：连续开花　类型：茶月季　香味：浓郁茶香

耐寒性：7—11区

　　替立尔夫人具有典型的茶月季花形，中间有数不清的细碎小花瓣。作为典型的茶月季，它在炎热的气候下开花不断。红色、粉色和杏色的奇妙组合，点缀以黄色和铜粉色的花朵，香味类似于果味甜茶。该品种生长旺盛，特别是在较温暖的气候条件下。

至高无上（'Altissimo'）

高度：约3米　宽度：约2米

开花性：重复开花　类型：藤本月季　香味：淡雅的丁香香调

耐寒性：6—10区

　　这是一个能够胜任几乎所有气候条件的品种，尽管在气候凉爽的地区颜色可能会更浓一些，但在温暖的地方依旧表现出色。深红色品种的花朵在烈日下常有"焦边"的通病，但该品种不存在这个问题。花瓣是纯正的红色，一直到花朵中心，花蕊完美镶嵌其中。如果保持修剪，它也可长成大型灌木，但作为藤本月季栽培的效果更好。该品种的重复开花性也相当优秀。

萨莉·福尔摩斯（莎莉·福尔摩斯，'Sally Holmes'）

高度：约3米　宽度：约2米

开花性：重复开花　类型：藤本月季　香味：微香

耐寒性：5—10区

　　萨莉·福尔摩斯在较冷的气候条件下为大型灌木品种，而在温暖的气候条件下则可作为一种优秀的藤本月季。花朵大，单瓣，有时会有零星的额外花瓣。该品种通常在主枝上集中开花，有时花朵太多以至于显得拥挤，而侧枝上的花较少，但这样整体效果更佳。花朵持续时间很长，无论是在植株上还是剪下来作为切花。该品种几乎无刺。

萨莉·福尔摩斯（'Sally Holmes'）

黄蝴蝶香水月季（蝴蝶月季、单瓣变色月季，*Rosa × odorata* 'Mutabilis'）

高度：约2米　宽度：约2.5米

开花性：连续开花　类型：中国月季　香味：淡香

耐寒性：7—10区

　　该品种充满了神秘色彩。除了以它为亲本培育的几个品种外，没有任何品种与之相似。它于1894年在欧洲首次被发现，位于意大利马焦雷湖的一个花园里，并于1933年正式推向市场。如今，它也被称为**蝴蝶月季**（'Butterfly Rose'）或**理想之花**（'Tipo Ideale'）。花朵完全单瓣，初开时是柔和的黄色——中国古老月季的典型花色，随着花朵开放褪变成粉红色，最后又变为或浅或深的大红色。它喜欢炎热——至少是温和气候，无论干燥还是潮湿环境，都能开花不断，即便是在更温暖的气候区，也能焕发生机。它的整体株形优雅，枝条略呈拱形，也可以经过整形牵引成藤本，几乎不需要额外修剪。

杜彻（'Ducher'）

高度：约1.2米　宽度：约1米

开花性：重复开花　类型：中国月季/茶月季　香味：浓郁果香

耐寒性：7—11区

　　杜彻通常被认为是独一无二的纯白色中国月季品种，在温暖的气候条件下可持续开花。花蕾圆形，有一抹微微的粉红色，花朵全开后为纯白色，或近乎纯白，旋转排列的花瓣充斥着整个花朵。它有一种美妙的果香。与大多数中国月季品种一样，其成熟植株的大小在很大程度上取决于种植地的气候条件。

杜彻（'Ducher'）

黄蝴蝶香水月季（*Rosa × odorata* 'Mutabilis'）

沙布利金将军（Général Schablikine）

高度：约1.2米　宽度：约1.2米

开花性：连续开花　类型：茶月季　香味：中度茶香

耐寒性：7—11区

　　这是最好的茶月季之一，生命力顽强，花量很大且开花不断。该品种在意大利大量种植，在冬季常作为切花销售，那时花朵能够达到最完美的状态——尽管它在温暖的气候条件下长势更佳，但也可在温室或靠近暖墙的凉爽地区种植。花朵是一种绝妙的混合色，取决于温度和开放阶段的变化，但通常是温暖的玫瑰粉红色，花瓣背面的颜色更深。中央的花瓣以恰到好处的四分状紧密排列，在偏黄的底色映衬下呈铜灰色或鲑鱼色。该品种花香清新甜美，可作为大型灌木或小型藤本栽培，取决于气候条件。

沙布利金将军（'Général Schablikine'）

拉马克（'Lamarque'）

高度：约4.5米　宽度：约3米

开花性：部分重复开花　类型：藤本茶月季/怒塞特蔷薇

香味：浓郁柠檬香　耐寒性：8—11区

这是一个绝对适合温暖气候的品种。花朵很大，柔和的柠檬黄色花朵，逐渐褪成白色，完美的莲座状花形。它的生命力很强，枝条几乎无刺，适当遮阴更利于其生长。每年第一波春花的花量十分壮观，随后也会零星重复开花。繁花盛开时香飘十里。

暮色（'Crépuscule'）

高度：约3米　宽度：约1.5米

开花性：重复开花　类型：怒塞特蔷薇　香味：浓郁茶香

耐寒性：7—11区

在澳大利亚墨尔本的弗莱明顿赛马场（Flemington Race Course）里，有一面由一大片**暮色**构成的栅栏花墙，每逢花期，花开满墙，蔚为壮观。它的花朵有着精致的混色——较深的奶糖色调与杏黄色的结合，随着时间的推移逐渐褪色。深红色的嫩叶富有光泽，与绽放的花朵相映成趣。重复开花性良好。在温暖地区，能够形成令人惊叹的整体效果。

湖中月（坎特夫人，'Mrs B. R. Cant'）

高度：约2.2米　宽度：约2米

开花性：连续开花　类型：茶月季　香味：浓郁果香

耐寒性：7—11区

该品种是长势旺盛的灌木，可以很快达到2米的高度。有时会作为藤本月季栽培，取决于它的栽培环境和修剪方式。花蕾长尖形，开出硕大、杯状且极度重瓣的柔和粉色花朵，而在花心部位或是天气炎热时，花色会更深。该品种的香味浓郁且甜美——甜香、麝香、水果香（百香果与蜜桃香调），甚至有泥土芬芳和胡椒的调子。在合适的气候条件下，它一年四季都会或多或少重复开花。此外，该品种的花枝较长，可作为切花，且花期持久。

高级深红月月红（'Cramoisi Supérieur'）

高度：约2米　宽度：约1.2米

开花性：连续开花　类型：中国月季　香味：淡香

耐寒性：7—11区

这是中国古老月季"月月红"系列中最有名的一个品种，并在世界各地被冠以众多名字，包括**阿格里皮纳**（'Agrippina'）、**百慕大红月季**（'Old Bermuda Red Rose'）和**炫舞者**（'L'Eblouissante'），足以说明它在饱经沧桑，甚至是无人照管的恶劣条件下，成为伟大的幸存者。在灌丛中，明亮的深红色花朵总能引人注目。但仔细观察花朵可以发现，花瓣的顶端和背面都有一些发白。在温暖的气候条件下，它几乎可以连续开花不断，事实上它很少有不开花的时候。它的高度可达2米甚至更高，该品种另有藤本版可供选择，成熟植株的高度可达灌木版的2倍。

拉马克（'Lamarque'）

朔中月（'Mrs B. R. Cant'）

暮色（'Crépuscule'）

高级深红月月红（'Cramoisi Supérieur'）

银禧庆典（'Jubilee Celebration'）

适合干燥、炎热气候条件的品种

炎热干燥的气候可能导致月季花量减少，也更容易令植株疯长。幸运的是，以下品种几乎不会出现这些情况。在这种气候条件下的任何花园里，它们都有着令人满意的表现。

柠檬汽水（'Lemon Fizz'）

高度：约1米　宽度：约1米

开花性：重复开花　类型：现代灌木月季

香味：淡香　注册名：'KORfizzlem'

耐寒性：5—11区

这是一个在花园中有着特殊应用价值的品种，它生长紧凑，是点缀花园、露台或阳台角落的最佳选择。不褪色的亮黄色花朵应接不暇，持续绽放，花蕊完全露出，是蜜蜂的最爱。该品种非常健康，适合地栽或盆栽。

柠檬汽水（'Lemon Fizz'）

银禧庆典（'Jubilee Celebration'）

高度：约1.2米　宽度：约1.2米

开花性：重复开花　类型：英国月季　香味：浓郁果香

注册名：'AUShunter'　耐寒性：5—11区

　　这是一个令人印象深刻的品种，色彩强烈，花朵中等大小，与其他植物搭配，特别与那些蓝色、紫色或淡紫色的花朵相得益彰。花瓣大约90枚，花朵相当饱满，散发出浓烈的果香（有时是纯正的柠檬香味），花色呈丰富的鲑鱼粉色，花瓣底部则渲染成金色。该品种同样强壮且健康。

卡赞勒克（油用大马士革，大马士革玫瑰，'Kazanlik'）

高度：约2米　宽度：约1.5米

开花性：一季花　类型：大马士革蔷薇　香味：浓郁老玫瑰香

耐寒性：4—9区

　　卡赞勒克是保加利亚（乃至全世界）为生产玫瑰精油而大规模种植的品种之一，也被称为 'Trigintipetala' 和 'Professeur Émile Perrot'。具有大马士革蔷薇的典型特征 —— 枝条弯曲成拱形，所以一定要给它足够的空间。花朵是真正的玫瑰粉红色，尤其在炎热的气候下，其香味无与伦比。花朵非常适合制作香氛产品，不过必须在黎明时分采集数千朵花才能提取极少量的精油。

埃琳娜（漂多斯，漂度斯，'Elina'）

高度：约1.2米　宽度：约1米

开花性：重复开花　类型：杂交茶香月季　香味：淡香

注册名：'DICjana'　耐寒性：5—11区

　　1983年推出的**埃琳娜**至今仍深受参展者和园艺师的喜爱，它在各类气候条件下均表现良好。它是一种极其坚韧、长势健康且旺盛的品种，如果条件允许，可以长到3米甚至更高。硕大的乳黄色花朵，具有完美的杂交茶香月季的高心花形。

卡赞勒克（'Kazanlik'）

埃琳娜（'Elina'）

冰山 ('Iceberg')

冰山 ('Iceberg')

高度：约1.5米　宽度：约1米　开花性：重复开花
类型：丰花月季　香味：淡香　注册名：'KORbin'　耐寒性：5—11区

　　这是一个举世闻名的品种，也被称为**雪精灵**（'Fée des Neiges'）或**白雪公主**（'Schneewittchen'）。在炎热干燥的气候条件下，可实现全年开花，观赏效果最佳。纯白色的半重瓣花，花团锦簇，每朵花都能持续数日，且花朵的自洁性很好。若在地中海气候的栽培环境下，它可长成灌丛状，或整形成树状月季，令人印象深刻。该品种的形态特征类似于杂交麝香蔷薇，事实上它的原始亲本确实与杂交麝香蔷薇有一定的亲缘关系。该品种枝干上的刺很少。它先是出现了藤本版芽变，后来又出现了其他的芽变品种——**粉冰山**（'Brilliant Pink Iceberg'）和**勃艮第冰山**（'Burgundy Ice'）。

葡萄牙美人 ('Belle Portugaise')

高度：约6米　宽度：约3米　开花性：一季花
类型：杂交巨花蔷薇　香味：浓郁茶香　耐寒性：8—11区

　　这是最壮观的品种之一，在适合的气候条件下，可以攀上高大的乔木。花朵很大，半重瓣，直径可达15厘米，花色呈优雅的薄纱质感的淡粉色。其枝叶与深色的针叶树搭配很合适，交相辉映。它的香味多变，但通常是一种强烈且美妙的茶香型。该品种的亲本之一——巨花蔷薇（大花香水月季）拥有藤本野生蔷薇中最大的花朵，是许多现代月季品种的祖先。

葡萄牙美人 ('Belle Portugaise')

红从容（'Livin' Easy'）

红从容（'Livin' Easy'）

高度：约1.2米　宽度：约1米

开花性：重复开花　类型：丰花月季　香味：中度果香

注册名：'HARwelcome'　耐寒性：5—10区

　　红从容能适应各种气候条件，从其原产地英国到美国的加利福尼亚州，一年四季开花不断，尤其是温暖的气候条件和充足的水分供应。花朵是艳丽的杏橙色，花朵全开后会露出雄蕊群。该品种是规则式月季园的一个绝佳选择，若搭配其他合适的背景植物，就能在混合花境中大放光彩。

佛见笑（橘黄香水月季，'Fortune's Double Yellow'）

高度：约3.6米　宽度：约3米

开花性：一季花　类型：中国月季　香味：轻度茶香

耐寒性：8—11区

　　该品种有很多别称，包括**福琼黄**（'Fortune's Yellow'）、**格兰仕伍德美人**（'Beauty of Glazenwood'）和**俄斐之金**（'Gold of Ophir'）。在地中海气候区，它可长成硕大的拱形灌丛，形成宏伟壮观的胜景。它能开出成百上千的花朵，花瓣呈明亮的铜黄色，形成的整体效果令人叹为观止，尽管单朵花并不是很精致。该品种作为单株灌木种植，或攀上大树都能形成很好的效果，枝干上的大量尖锐的刺可以帮助它有效地悬挂起来。

伯尼卡（伯尼卡82，'Bonica'）

高度：约1.2米　宽度：约1.2米

开花性：重复开花　类型：现代灌木月季　香味：轻度香

注册名：'MEIdomonac'　耐寒性：4—9区

　　该品种在世界各地广泛栽培，名扬天下，也被称为**伯尼卡82**（'Bonica 82'）。它的植株紧凑，小而明亮的粉色花朵搭配闪闪发光的绿叶，充满生机和活力。始花期比大多数品种稍晚，但可持续数周。花期末尾，如果去除残花，就会迎来第二波花朵。若不进行花后修剪，则会结出丰硕且持久的果实。

佛见笑（'Fortune's DoubleYellow'）

伯尼卡（'Bonica'）

马曼·科歇（'Maman Cochet'）

马曼·科歇（'Maman Cochet'）

高度：约1.5米　宽度：约1米

开花性：重复开花　类型：茶月季　香味：浓郁茶香

耐寒性：7—11区

　　这曾一度是最受欢迎的品种，是炎热干燥气候下的绝佳选择。它集美丽、芳香和连续开花等优秀特性于一身，能在缺少管理的情况下茁壮生长。硕大的花朵具有茶月季的经典高心花形，但与杂交茶香月季不同（仅有30—40枚花瓣，没有标准一致的花形），**马曼·科歇**有超过100枚花瓣，开放的花朵呈四分排列。花朵颜色取决于开放程度和天气，起初往往是奶油色与覆盆子粉红色的混合，之后褪变成带着淡紫色调的粉色。香味的浓郁程度也是变化不一，但往往令人愉悦——茶香混合着紫罗兰香的调子。该品种也可作为优秀的切花。

适合半阴墙面的品种

北墙或半阴墙面的栽培环境对很多藤本植物来说总是充满挑战，但有不少月季品种可以在这样的环境下茁壮生长，只要它们有至少4个小时的阳光直射。阴凉处可使花朵不被晒伤、保持时间更长。

永恒蓝调（多年蓝调、常年蓝，'Perennial Blue'）

高度：约3米　宽度：约2米

开花性：重复开花　类型：蔓性月季　香味：淡香

注册名：'Mehblue'　耐寒性：6—9区

这是老品种**蓝蔓**（'Veilchenblau'）的可重复开花版，尽管**蓝蔓**是深受喜爱的经典品种，长势旺盛，却不能重复开花。而**永恒蓝调**的花朵大小与之相似，直径约4厘米，半重瓣，起初是浓郁的酒红紫色，之后渐变成深丁香色调。它的生命力很强，足以覆盖一面墙或栅栏，但又不会过于庞大或难以管理。这是一个坚韧的品种，可适应相对较差的栽培条件。

卡里叶夫人（卡里埃夫人，'Madame Alfred Carrière'）

高度：约5米　宽度：约3米

开花性：一季花后偶可零星再次开花　类型：光叶蔓性蔷薇

香味：轻度至中度麝香混合柑橘香　耐寒性：5—9区

卡里叶夫人在世界各地深受欢迎，因为它可适应各种气候条件，以及花园中的各种栽培环境。该品种生长旺盛，需要大量的空间。花蕾呈淡粉色，花朵开放后则呈白色。尽管花朵不是特别标致，但花量很大，伴随着甜美的芬芳——通常是浓郁的西柚香气。怒塞特蔷薇品种通常在阴处长势稍弱，需要充足阳光，但该品种很耐寒，在一定程度的阴凉处也能生长和开花。该品种最好依墙种植，因为枝条几乎无刺，所以不太适合攀上大树枝头。

永恒蓝调（'Perennial Blue'）

卡里叶夫人（'Madame Alfred Carrière'）

约克城（'City of York'）

高度：约5米　宽度：约3米

开花性：重复开花　类型：怒塞特蔷薇　香味：浓郁果香

耐寒性：6—10区

　　该品种也被称为**本斯霍普总管**（'Direktor Benschop'），它纯白色的花朵适合点亮阴凉处。花朵半重瓣，有突出的金黄色花蕊，对蜜蜂有很强的吸引力。成群的花朵与深绿色的叶片相互映衬。在阳光充足的墙面、棚架或大型拱门上也能健康生长。

塞维蔡斯（蔡雪薇，'Chevy Chase'）

高度：约4米　宽度：约3米

开花性：一季花　类型：蔓性月季　香味：无香至淡香

耐寒性：6—9区

　　这也许是最好的深红色蔓性月季品种，娇小的花朵相当规整精致。它们比多数品种开得更晚一些，但绽放的花朵总能持续很长一段时间。它可以攀上小树或大型灌木，同样是一个非常健康的品种。

勒沃库森（'Leverkusen'）

高度：约3米　宽度：约2米

开花性：重复开花　类型：藤本月季　香味：中度果香

耐寒性：5—10区

　　勒沃库森于1954年推出，是首个杂交科德斯蔷薇[①]品种，它具有很强的耐寒性和抗病性，至今依旧深受认可。它有着硕大且迷人的黄色花朵，花心的颜色更深，外层花瓣的色彩则更柔和。花后结出的果实长期保持绿色，成熟后则变为黄色。**勒沃库森**是一种耐阴的灌木状藤本月季，也可作为大灌木栽培。

①杂交科德斯蔷薇（Kordesii Hybrids），源自20世纪50年代，著名月季育种家威廉·科德斯（Wilhelm Kordes）以玫瑰为母本、光叶蔷薇为父本培育出的子代苗为原始亲本，开发了众多该系列品种。这些品种以油亮的叶片、极强的抗病性和耐寒性而闻名。

约克城（'City of York'）

勒沃库森（'Leverkusen'）

蓝蔓（蓝色紫罗兰，'Veilchenblau'）

高度：约4.5米　宽度：约2米

开花性：一季花　类型：蔓性月季　香味：中度至浓郁果香

耐寒性：6—10区

　　蓝蔓是为数不多的蓝紫色系蔓性月季［还包括**紫罗兰**（'Violette'）和**蓝洋红**（'Bleu Magenta'）］中最知名的品种，这些品种都有深浅不一的紫色小花，而**蓝蔓**是颜色最浅的——从花朵初开时的紫红色，到蓝紫色再到灰紫色。花团锦簇，满枝繁花往往在任何时候都能呈现出各种颜色。枝条几乎无刺，并不是攀上高树的理想选择，更容易靠墙、柱子或棚架栽培。该品种在很多气候条件下都能健康生长，并有良好的耐阴性。

藤本荷兰之星（'Climbing Etoile de Hollande'）

高度：约4米　宽度：约2.5米

开花性：重复开花　类型：杂交茶香月季

香味：浓郁老玫瑰香　耐寒性：6—10区

　　藤本荷兰之星是一个多用途品种，除了适合在温暖、阳光充足的墙面上种植（见第171页）外，它还可以适应相对阴暗的区域。事实上，朝北的墙面对该品种来说是个不错的选择，因为这个位置可避免阳光过强时花瓣被灼伤的风险。这是一种长势旺盛的藤本月季，花香浓郁，花色呈天鹅绒般的深红色。花朵完全开放时可能会变形，但初开时呈美丽的、经典的杂交茶香月季花形。尽管它不是相当健康的品种，但只要细心呵护，就能成为花园的亮点。如果不修剪残花，会结出硕大的鲜红果实。

朝圣者（天路，'The Pilgrim'）

高度：约3米　宽度：约2米

开花性：重复开花　类型：英国月季（藤本）

香味：中度茶香混合没药香　注册名：'AUSwalker'

耐寒性：5—10区

　　多年来，大卫·奥斯汀玫瑰园的一面开阔的北墙前种有**朝圣者**，每年到花期时十分壮观。它很少被修剪，最终爬上了两层楼高的屋顶天沟，不过它也能够轻易保持相对较矮的株形。金黄的花朵使整个墙面熠熠生辉，细看每一朵花，约有140枚花瓣，构成了完美的莲座状花形。

詹姆斯·高威（'James Galway'）

高度：约3米　宽度：约2米

开花性：重复开花　类型：英国月季（藤本）

香味：轻度至中度老玫瑰香　注册名：'AUScrystal'

耐寒性：5—11区

　　詹姆斯·高威最初是作为灌木品种推出的，但很快就发现该品种作为藤本栽培效果更佳。花朵很大，层层叠叠的花瓣大约有130枚，且非常耐高温日晒和雨淋。花朵中央呈现出温和的暖粉色，边缘有着淡淡的红晕。枝条上的皮刺少而坚硬，但仍然可以在大约2米高的墙或栅栏上铺展开来。

藤本卡罗琳·泰索特夫人（'Climbing Madame Caroline Testout'）

高度：约5米　宽度：约2.5米

开花性：部分重复开花　类型：杂交茶香月季（藤本）

香味：中度甜香　耐寒性：5—11区

　　卡罗琳·泰索特夫人是一个与众不同的品种，花朵大而呈银粉色，相当圆润，花瓣向后翻卷。该品种的枝条相当坚硬，而且多刺，并不是很容易向两侧开展。因此可将它栽种于条件适宜的墙面附近，墙体高4—5米，以便向上生长。单朵花能在植株上维持很长时间，而且幸运的是花朵有着良好的自洁性。而这个藤本版芽变品种发现于美国俄勒冈州波特兰市人行道旁大量种植的灌木版**卡罗琳·泰索特夫人**。它长势健康、坚韧可靠，而且植株寿命极长，通常可以维持100年甚至更久。

藤本荷兰之星（'Climbing Etoile de Hollande'）

詹姆斯·高威（'James Galway'）

朝圣者（'The Pilgrim'）

藤本卡罗琳·泰索特夫人（'Climbing Madame Caroline Testout'）

查尔斯·德·米尔斯（'Charles de Mills'）

适合冬季严寒气候的品种

虽然你可以给月季做额外的冬季保护，但如果你的花园总是遭遇最低气温低于−15℃的严冬，那么选择这些不惧严寒的耐寒品种就会轻松很多。

库拜重瓣白（'Blanc Double de Coubert'）

高度：约1.5米　**宽度**：约1.5米
开花性：重复开花　**类型**：玫瑰
香味：浓郁老玫瑰香　**耐寒性**：3—9区

这是白色杂交玫瑰中最好的品种。它具有典型玫瑰品种的形态特征，与此同时有着出色的耐寒性和适应性。花朵初开是完全重瓣的，但打开后会露出雄蕊群。它的香味与真正原始的野生玫瑰类似，尽管不那么浓烈，但令人心旷神怡。它能在花后结出累累硕大的橙色玫瑰果。作为花境的背景植物，该品种是一个绝佳选择。但它有一个缺点：不耐雨淋。

库拜重瓣白（'Blanc Double de Coubert'）

查尔斯·德·米尔斯（查尔斯的磨坊、查尔斯·米尔斯，'Charles de Mills'）

高度：约1.2米　宽度：约1.5米

开花性：一季花　类型：法国蔷薇　香味：多变的老玫瑰香

耐寒性：4—9区

　　这是一个具有很高辨识度的品种，因为花朵呈现出明显的四等分状，最初是浓郁的红紫色，然后逐渐变成纯紫色。花形一开始是浅杯状，绽开后花瓣逐渐向外反折。枝条几乎无刺，也不够粗壮，支撑不住花朵的重量，导致花头下垂。解决这个问题的最好办法就是接受现状，因为只要稍加修剪，它们就会形成十分美观的灌丛。此外，也可以在其旁搭配其他花灌木，这样可以起到支撑的作用，二者相得益彰。花香多变，往往比较清淡，但在某些时候会变得相当浓郁。总体上是一个强壮健康的品种。有时，该品种也被称为**离奇凯旋**（'Bizarre Triomphant'）。

黛莱丝·布涅（'Thérèse Bugnet'）

高度：约2米　宽度：约1.2米

开花性：重复开花　类型：玫瑰　香味：浓郁老玫瑰香

耐寒性：3—9区

　　黛莱丝·布涅的双亲均来自玫瑰杂交种，其母本血缘包括最耐寒的野生种之一——刺蔷薇（R. acicularis）。尽管如此，它在形态特征上与亲本的相似性并不明显，叶子相当光滑，而且几乎无刺。该品种生长直立，在植株顶端开纯正玫瑰粉色的、松散的半重瓣花。适合在规则式花园及栽培条件较差的地方种植。与之类似的品种有**路易斯·布涅**（'Louis Bugnet'），其花蕾为红色，花朵为纯白色。两者都适合绿篱或混合花境。

云雀高飞（'The Lark Ascending'）

高度：约2米　宽度：约1.5米

开花性：重复开花　类型：英国月季　香味：轻度茶香混合麝香

注册名：'AUSursula'　耐寒性：4—9区

　　大多数黄色花或杏色花的品种并不耐寒，但总有一些例外，**云雀高飞**就是其中之一。半重瓣、杯状的花朵依次绽放，美丽动人，且花期很长。该品种可形成直立茂盛的高大灌丛，适合作为绿篱或花境的背景，也可孤植。

黛莱丝·布涅（'Thérèse Bugnet'）

云雀高飞（'The Lark Ascending'）

大花密刺蔷薇（*Rosa spinosissima* 'Altaica'）

高度：约2米　宽度：约1米
开花性：一季花　类型：野生种
香味：浓郁麝香　耐寒性：3—8区

密刺蔷薇有时也被称为苏格兰蔷薇（Scotch Rose）或地榆叶蔷薇（Burnet Rose），以其极强的韧性和耐寒性而著称。原产于欧洲大部分地区，西至冰岛，东至俄罗斯。它的标志性特征是小白花、小叶片、多刺的茎以及黑色的蔷薇果。**大花密刺蔷薇**是比原种长得更高大的一种变型，但保留了其他特征，并有着美丽的秋色叶，花朵有绝妙的香味。

半重瓣白蔷薇（*Rosa alba* 'Semiplena'）

高度：约2.5米　宽度：约2米
开花性：一季花　类型：白蔷薇
香味：浓郁老玫瑰香　耐寒性：3—9区

这是一个古老的品种，可以追溯到14世纪，即公认的**约克家族白玫瑰**（'White Rose of York'）。它不仅非常耐寒（可耐-40℃低温），适应性极强，足以应对数十年几乎无管理的环境条件。半重瓣纯白色的中等大小花朵，搭配一大丛金黄色的雄蕊，深受蜜蜂喜爱。该品种花香浓郁，在保加利亚等地被用来生产玫瑰精油。果实大，橙红色，与犬蔷薇的果实形态相似。叶片呈迷人的灰绿色，通常很健康，然而在年末可能会易感锈病。它也是一个多用途的品种，适合布置于花境景观的后侧，也可作为野生花园的材料或树篱。

夏之酒（'Summer Wine'）

高度：约3.6米　宽度：约2米
开花性：重复开花　类型：藤本月季
香味：中度香　注册名：'KORizont'
耐寒性：5—9区

夏之酒可以作为灌木或藤本月季栽培，取决于气候条件和修剪程度。在较冷的地区，它可长成大型灌木；在温暖的地区，它可被栽培成一种优美的藤本月季。它的观赏价值在于其美丽的花朵和随后的美妙秋实。中到大型花，通常呈标致的半重瓣，不过看起来更像单瓣，仅有8—10枚花瓣。花蕾是明亮的珊瑚色，开放时转变为柔和的鲑鱼粉色，中心为黄色。雄蕊突出，有深红色的花丝和黄色的花药。圆球形、硕大的果实呈橙红色。这是一个适应性极强的品种。

约翰·戴维斯（'John Davis'）

高度：约2.5米　宽度：约2米

开花性：重复开花　类型：灌木月季

香味：轻度麝香　耐寒性：3—9区

　　约翰·戴维斯是目前最耐寒的月季品种之一，甚至可以抵御2区的严寒。它是加拿大斯维佳公司专为冬季极端寒冷的地区培育的"探险家"（Explorer）系列品种的开山之作。它有着中等大小的纯正粉色的花朵，花形看起来很像古老月季，且重复开花性优秀。在温暖的气候条件下，它可以被栽培成精致的小型蔓性月季；而在较冷的气候条件下，它可以长成一株拱形灌木。

垂枝蔷薇（雪山蔷薇，*Rosa pendulina*）

高度：约2米　宽度：约1.5米

开花性：一季花　类型：野生种

香味：淡香至无香　耐寒性：3—9区

　　这是一种原产于欧洲中部和南部阿尔卑斯山寒冷地区的野生蔷薇，它也能在北美洲极端寒冷的冬天里存活。在严酷的环境条件下，它的株形始终保持矮小，几乎不超过1米，但在温带的花园里，其株高可达上述情况下的2倍。花朵不大，紫红色，单瓣。花后可结鲜红色的梨形蔷薇果。植株完全无刺或几乎无刺。

乡村舞者（'Country Dancer'）

高度：约1.5米　宽度：约1米

开花性：重复开花　类型：灌木月季

香味：中度果香　耐寒性：4—9区

　　格里夫斯·巴克（Griffith Buck）培育的月季是以适应美国爱荷华州寒冷的冬天作为主要目标，而**乡村舞者**除了这一点，还有一个难得可贵的优点——可在阴凉处生长并开花。浓郁粉色的半重瓣大花，随着时间推移色彩会略显黯淡，会散发出美妙的果香。在凉爽的气候条件下，若频繁修剪，它可作为矮小的灌木栽培，高度不超过1米，尽管它也具有生长至2倍高度的潜力。该品种适应性极强，可以耐受恶劣的气候条件，但值得在一个突出的地方和更好的条件下种植。

适合装饰拱门、棚架、方尖碑和立柱的品种

　　这些人工景观结构可以辅助你在花园里更好地种植藤本月季。拱门旁适合种植从地表开始向上生长、开花的品种，而且枝条要足够柔韧，可以绑在拱门上面进行牵引。棚架处可在立柱旁种植藤本月季，也可将其牵引至棚架顶端，令枝条横向生长。直立的大型灌木则适合立柱或方尖碑。

狭窄水域（'Narrow Water'）

狭窄水域（'Narrow Water'）

高度：约2.5米　宽度：约2米

开花性：重复开花　类型：怒塞特蔷薇　香味：中度至浓郁麝香

耐寒性：6—9区

　　该品种精致且繁盛的小花数不胜数，一直持续到花期结束。当粉色的花蕾绽放时，会呈现出淡紫色的半重瓣花朵，随后渐变成奶油色和白色，呈现出美妙的混合色彩。作为典型的怒塞特蔷薇品种，其花朵有着混合麝香调子的丁香芬芳。它适合在拱门上生长，将其枝条与小型观赏树交错生长。如果定期修剪，它也可长成大型灌木。此外，其耐寒性也格外出色。

英格兰乡村（'Rural England'）

高度：约3米　宽度：约2.5米

开花性：重复开花　类型：蔓性月季　香味：淡香

耐寒性：6—10区

　　英格兰乡村看起来与多数蔓性月季品种相似，但具有重复开花的优秀特质，而且长势不会过于旺盛。中等大小的浅粉色花朵，在几乎无刺的枝条末端成簇绽放，因此很容易进行牵引与绑缚。这是一个精美的品种，也可栽培形成壮观的大型灌丛状花瀑景观。

马文山（马尔文丘陵，'Malvern Hills'）

高度：约4米　宽度：约3米

开花性：重复开花　类型：英国月季（蔓性月季）

香味：轻度至中度麝香　注册名：'AUScanary'　耐寒性：6—11区

　　这是一个精致的全能型品种。花朵很小，但相当繁茂，颜色从浅黄色至黄色，最终变为奶油色。花瓣呈莲座状排列，最初有一个小的纽扣眼。**马文山**的生命力很强，可以迅速覆盖棚架，但不会造成无法处理的麻烦。

英格兰乡村（'Rural England'）

马文山（'Malvern Hills'）

保罗·诺埃尔（'Paul Noël'）

高度：约4米　宽度：约3米

开花性：部分重复开花　类型：蔓性月季

香味：中度茶香混合果香　耐寒性：6—9区

　　这种非同寻常的蔓性月季源自光叶蔷薇和茶月季**替立尔夫人**（'Monsieur　Tillier'）的杂交。在英国，它曾以**保罗特兰森**（'Paul Transon'）之名广泛栽培，直到人们意识到它与极其类似的**保罗·诺埃尔**在市面上早已混淆不清。花朵很大，花色一开始是柔和的鲑鱼粉色，很快就会褪色变淡，这个特征源于其木本之一——茶月季。初夏的第一波花相当可观，而到了秋季会迎来第二波花——尤其是在土壤保持湿润的条件下。其松散开展的株形源自该品种的野生蔷薇背景，非常适合沿着棚架或建筑物和树木旁生长。花朵有着苹果与菊花混合的特殊香味。

高空尤物（'Highwire Flyer'）

高度：约2米　宽度：约1米

开花性：重复开花　类型：蔓性月季　香味：无

注册名：'RADwire'　耐寒性：4—11区

　　大多数方尖碑的高度不超过2米，因此这是一个适合方尖碑的品种。这种尺寸使它很容易养护，能够保持整齐干净的株形效果，尤其适合在被其他植物包围于花境景观中央的情况。该品种非常健康，冬季耐寒。花大色艳，直径约10厘米，呈明亮的品红色至粉色，而且花量很大。

高空尤物（'Highwire Flyer'）

保罗·诺埃尔（'Paul Noël'）

紫色客机（'Purple Skyliner'）

紫色客机（紫色天际线，'Purple Skyliner'）

高度：约2.6米　宽度：约2米

开花性：重复开花　类型：藤本月季　香味：中度香

注册名：'Franwekpurp'　耐寒性：6—9区

　　该品种是装点方尖碑或立柱的绝佳选择。植株高度恰到好处，花朵繁盛，而且相当健康。半重瓣的浅紫色花朵渐变为灰色调，有着甜美的芬芳。**紫色客机**也是生命力极强的品种，可以耐受半阴和恶劣的环境条件。

藤本小拇指（藤本小手指，'Climbing Pinkie'）

高度：约3米　宽度：约2米
开花性：重复开花
类型：藤本月季　香味：中度香至浓香
耐寒性：6—10区

　　这是一个适合拱门或花墙的理想品种。在温暖的气候条件下，它可以一直繁花不断；在较冷的地区，它的花期仍旧可持续很长时间。单朵花呈美丽的中等粉色，半重瓣，有美妙的果香。枝条无刺，很容易在任何景观结构上进行牵引，也可让其自由生长成壮观的花瀑。

亚斯米娜（'Jasmina'）

高度：约2.5米　宽度：约1米
开花性：重复开花
类型：藤本月季　香味：浓郁果香
注册名：'KORcentex'
耐寒性：5—11区

　　亚斯米娜是一个精致的品种，拥有数不胜数的花朵，花瓣排列成四分莲座状花形，与古老月季类似。花朵中等大小，颜色介于紫罗兰色和粉色之间，并带有美妙的浓香 —— 新鲜苹果混合了梨与杏的清香。该品种花朵繁盛，适合作为切花，而且重复开花性好。它同样是一个相当耐寒的品种，总体来说非常健康。

玛格丽特王妃（太子妃玛格丽特，'Crown Princess Margareta'）

高度：约3米　宽度：约2.5米
开花性：重复开花
类型：英国月季　香味：浓郁果香
注册名：'AUSwinter'
耐寒性：4—8区

　　这是一个色彩相当丰富、具有浓郁果香混合淡淡茶香的优秀品种。层层叠叠的花瓣排列成优雅的莲座状。虽然**玛格丽特王妃**可作为大型灌木栽培，但常作为藤本月季品种，尤其在温暖的气候条件下种植效果更好。植株健康且耐寒。

　　"需要明确拱门和棚架在花园中的地位与作用，若能作为花园内不同区域间的过渡，效果最佳。"

热烈欢迎（'Warm Welcome'）

高度：约2.5米　宽度：约1.5米

开花性：重复开花

类型：小花藤本月季　香味：淡香

注册名：'CHEwizz'　耐寒性：6—9区

这是一个鲜艳夺目的品种。它能开出大量的小型花朵，几近单瓣，花色呈明艳热情的橙红色。花期贯穿全年，几乎开花不断。花朵从植株基部蔓延到顶部，可以一直开到凛冬将至之时。该品种相当健康，是装点方尖碑和支柱的最佳选择。

自由飞翔（'Open Arms'）

高度：约2.5米　宽度：约2米

开花性：重复开花

类型：小花蔓性月季　香味：清淡麝香

注册名：'CHEwpixcel'　耐寒性：6—9区

育种家克里斯·华纳（Chris Warner）推出了数个小花藤本月季和小花蔓性月季品种，**自由飞翔**属于后者。顾名思义，该品种株形矮小紧凑，适合小空间种植。繁花从靠近地面基部的枝条开始向上一直开至枝顶，总会给人带来惊喜。娇小的半重瓣花朵，盛开时呈鲑鱼粉色，然后逐渐变成淡粉色，花心有一个"白眼睛"，雄蕊突出。整体相当健康，几乎全年开花不断，直至寒冬来临前为止。枝条很容易通过横向牵引，借助拱门或栅栏形成扇形花墙。

肯特少女（'Maid of Kent'）

高度：约4米　宽度：约3米

开花性：重复开花　类型：藤本月季

香味：淡香　耐寒性：6—9区

肯特少女归类于藤本月季或蔓性月季。它同样也是值得一试的品种，能开出大量半重瓣、浅粉色的小花，花色逐渐变红。该品种长势旺盛，枝条开展，适合种植于棚架或树木旁。

佩吉·马丁（'Peggy Martin'）

夜猫子（'Night Owl'）

高度：约3米　宽度：约2米

开花性：重复开花　类型：藤本月季　香味：淡香

注册名：'WEKpurosot'　耐寒性：5—10区

　　这是一个奇妙且独特的深色品种。花朵很大，直径约10厘米，接近单瓣。花色呈浓郁的紫色，花瓣基部为白色。全年持续开花，如果不去除残花，就会结出大而圆的橙色果实。由于该品种具有川滇蔷薇（Rosa soulieana）的血缘背景，其叶片略带灰色，更能衬托出花朵的独特色彩。

夜猫子（'Night Owl'）

佩吉·马丁（'Peggy Martin'）

高度：约4.5米　宽度：约2.5米

开花性：部分重复开花　类型：蔓性月季　香味：淡香

耐寒性：5—11区

    它也被称为卡特里娜飓风月季（Hurricane Katrina Rose）[1]，是一个适应性极强的坚韧品种，更是历经岁月考验的伟大幸存者。虽然佩吉·马丁本人知道该品种是如何通过家族接力流传至今的，但其真正的育种亲本却不为人所知。它的花朵很小，呈粉红色调，但花量很大，第一波春花很壮观，而到了秋季往往会迎来第二波花。株形松散开展，非常适合沿棚架或栅栏种植。枝条无刺，但叶子背面并非如此。

快银（'Quicksilver'）

快银（水银，'Quicksilver'）

高度：约2米　宽度：约1米

开花性：重复开花　类型：藤本月季　香味：淡香

注册名：'KORpucoblu'　耐寒性：5—9区

    丰富的薰衣草色调、中等大小的花朵，令**快银**脱颖而出、备受青睐。它的生命力很强，适合花园里任何需要种植小型藤本月季的区域。除了立柱、方尖碑，它也是围栏或花墙的理想选择。不仅如此，该品种也可作为切花，植株健康且耐寒。

大赢家（'Winner's Circle'）

高度：约3米　宽度：约2米

开花性：重复开花　类型：藤本月季　香味：淡香至无香

注册名：'RADwin'　耐寒性：4—10区

    这是一个值得关注的品种。首先，其接近单瓣的花朵呈烈焰般的火红色。其次，该品种杰出的适应性和抗病性总能给人留下深刻的印象。此外，如果不修剪残花，它会结出艳丽的橙色秋实，那时叶子也会变成令人陶醉的酒红色。该品种的耐寒性也同样优秀。

[1]卡特里娜飓风月季：该品种在经历2005年8月的卡特里娜（Katrina）5级飓风的袭击后依旧顽强地幸存了下来，为纪念这场美国历史上破坏程度最大的飓风事件而得此名。

大赢家（'Winner's Circle'）

雪雁（雪娥、雪鹅、雪天鹅，'Snow Goose'）

高度：约2.5米　宽度：约1米

开花性：重复开花　类型：英国月季　香味：清淡麝香

注册名：'AUSpom'　耐寒性：6—11区

　　这是一个迷人的、花量巨大的品种。尽管花朵不大，但能在很长一段时里不断开花。受怒塞特蔷薇血缘的影响，相比其诞生地英国，它更适应北美地区普遍更温暖的夏季气候。娇小的浅绿色叶片与白色的花朵相得益彰。枝条几乎无刺。

拉古纳（拉古娜，'Laguna'）

高度：约2.5米　宽度：约1米

开花性：重复开花　类型：藤本月季　香味：浓郁果香

注册名：'KORadigel'　耐寒性：5—10区

　　这是一个值得在花园里栽植的品种，花香沁人心脾。香味由各类不同的香调巧妙混合，包含荔枝、老玫瑰和广藿香。花朵很大，直径可达10厘米，呈纯正的深粉色。**拉古纳**是一个获奖品种，健康且极其耐寒，在半阴处栽植也能正常开花。

坎坎（'Cancan'）

高度：约3米　宽度：约1.2米

开花性：重复开花　类型：藤本月季　香味：淡香

注册名：'RADcancan'　耐寒性：5—9区

　　坎坎与另一个品种**花旗藤**（'American Pillar'）相似，但株形明显更小，且重复开花性优秀，适合中型棚架及大型拱门，或沿栅栏进行牵引。它与同样由威尔·拉德勒育成的"绝代佳人"系列品种一样，植株健康且适应性极强。半重瓣花呈杯状，洋红色，并逐渐变成柔和的粉色，花心为白色。

奥尔布莱顿（'The Albrighton Rambler'）

高度：约4米　宽度：约3米

开花性：重复开花　类型：英国月季（蔓性月季）

香味：清淡麝香　注册名：'AUSmobile'　耐寒性：5—11区

　　该品种的每朵花看上去像极了缩小版的古老月季，许多花瓣优美地排列在中央的"纽扣眼"周围。花朵一开始呈柔和的粉色（有时略带杏色），之后逐渐褪色，直至近乎白色，在细长、优雅的拱形枝条顶端成簇开放。该品种长势一般，株形相当松散，枝条很容易在棚架上横向铺展开来。

雪雁（'Snow Goose'）

坎坎（'Cancan'）

拉古纳（'Laguna'）

奥尔布莱顿（'The Albrighton Rambler'）

适合装饰围墙或栅栏的品种

墙面或栅栏上盛放的月季是经典的花园构成元素之一。只要选择合适的品种，它们可发挥其他攀缘植物无法拥有的优势 —— 无与伦比的花形、色彩、香味和持续不断的花期。它们可以将看似单调的墙面点缀成群芳斗艳的花墙。

娜荷马（'Nahema'）

娜荷马（娜希玛，'Nahema'）

高度：约3.6米　宽度：约2米

开花性：重复开花　类型：藤本月季　香味：中度香至浓香

注册名：'DELéri'　耐寒性：5—9区

　　娜荷马的花朵呈经典的老玫瑰四分花形，完全重瓣，粉色，直径约10厘米，伴随着美妙的果香——桃子和柑橘的混合香调。对围墙和栅栏来说，长势不旺盛的品种往往是明智的选择，否则难以打理，**娜荷马**正符合这个需求。

花园阳光（'Garden Sun'）

高度：约3米　宽度：约2米

开花性：重复开花　类型：藤本月季　香味：淡香

注册名：'MEIvaleir'　耐寒性：6—9区

　　花园阳光正如其名，金灿灿的花朵耀眼夺目，看上去与历史悠久的经典老式藤本月季品种**第戎的荣耀**（'Gloire de Dijon'）别无二致，二者花瓣的排列形式相似。它的花色为黄色、杏色以及时常出现的粉色组合，令人赏心悦目。它能很好地适应炎热的天气，也可作为切花。总体来说是一个健康的品种。

克莱尔·奥斯汀（'Claire Austin'）

高度：约3米　宽度：约2米

开花性：重复开花　类型：英国月季（藤本）　香味：浓郁没药香

注册名：'AUSprior'　耐寒性：5—11区

　　正如红色的月季品种一样，选育出优秀的白月季也绝非易事。**克莱尔·奥斯汀**的花朵很大，抗病性也同样优秀。该品种最初是作为灌木月季推出的，但较为强劲的长势让园艺师们发现它作为小型藤本月季栽培往往能获得更好的效果。圆润的乳白色花朵有着强烈而美味的没药芳香，此外还混合了旋果蚊子草、天芥菜和香草的清香。

花园阳光（'Garden Sun'）

克莱尔·奥斯汀（'Claire Austin'）

自由飞翔（'Open Arms'）

高度：约2.5米　宽度：约2米

开花性：重复开花

类型：小花蔓性月季

香味：清淡麝香　注册名：'CHEwpixcel'

耐寒性：6—9区

　　该品种的育种者克里斯·华纳推出了数个小花藤本月季和小花蔓性月季品种，最大的特点是植株相对矮小，结构紧凑，适合小空间。此外，这些品种还具有从基部枝条开花的绝佳优势。**自由飞翔**的花朵很小，几乎呈单瓣，初开时呈鲑鱼粉色，后逐渐转变成淡粉色，白色的花心如同眼睛，并有着十分醒目的雄蕊群。植株非常健康，几乎可以连续开花，直到寒冬来临。枝条柔韧，可塑性强，很容易沿墙面或栅栏伸展。

索柏依（'Sombreuil'）

高度：约4米　宽度：约2米

开花性：重复开花

类型：茶月季（藤本）

香味：浓郁茶香　耐寒性：6—11区

　　这是一个美妙的品种，特别适合气候较为干燥的地区。尽管它被归类为茶月季，但细看其精致的花朵，很难看出其中的联系，因为它的花瓣非常饱满，许多花瓣整齐地排列成扁平而精美的花形。花香浓郁，类似茶香。花朵在潮湿天气下会变形，但在较干燥的地方往往可以展现最佳状态。该品种也被称为**白色殖民地**（'Old Colonial White'）。

芭斯希芭（芭思希芭，'Bathsheba'）

高度：约3米　宽度：约2米

开花性：重复开花

类型：英国月季（藤本）

香味：浓郁没药香

注册名：'AUSchimbley'

耐寒性：5—10区

该品种在花园里总能给人留下深刻印象。植株大小适中，适合种植于墙边或篱笆旁，高度和长势很容易控制和打理。花朵香味浓郁，也可作为切花，直径可达10厘米甚至更大，有约170枚精致的花瓣。香味十分突出，散发出美妙的没药花香，混合了茶香与蜂蜜的香调。花色是微妙的杏粉色与柔和黄色的完美结合，外侧花瓣会逐渐褪变成奶油色。这是一个健康的品种，重复开花性好。

夏洛特夫人（'Lady of Shalott'）

高度：约3米　宽度：约2米

开花性：重复开花

类型：英国月季

香味：中度至浓郁茶香混合果香

注册名：'AUSnyson'　耐寒性：5—9区

这是一个多用途的美丽品种，也是英国月季中最好的品种之一。通常作为大型灌木栽培（见第97页），但它也可以快速覆盖2—3米高的墙面或栅栏，特别是在温暖的气候条件下。从春末夏初到年底几乎开花不断，如果天气合适，冬天也会有零星的花朵绽放。这些精美的花朵非常适合作为切花带进室内。含苞待放的花蕾呈丰富的橙红色，开放时呈杏黄色。花朵散发出美妙的香味——柔和的茶香，混合了苹果香料和丁香的调子。总体来说，这是一个相当健康的品种。

沃勒顿老庄园（'Wollerton Old Hall'）

高度：约3米　宽度：约2米

开花性：重复开花

类型：英国月季（藤本）

香味：浓郁没药香

注册名：'AUSblanket'　耐寒性：5—10区

沃勒顿老庄园因其花香浓郁和花朵硕大而广受青睐。它是一个健康且长势旺盛的品种，因此需要在绝佳位置的墙面或栅栏处种植，它的枝条不太硬，可以很容易地向两侧开展生长。含苞的花蕾外侧带着星星点点的红色，花朵绽放时呈柔和的浅杏色，随着时间的推移逐渐褪色。美丽圆润的球形花朵，很少露出中间的雄蕊，但蜜蜂仍可以很容易地钻入花朵中央。花朵具有极其强烈但令人倍感温暖的没药香，带有柑橘的调子，尽管有些人认为这种香味更接近木兰花的芳香。

爱的花环（'Guirlande d'Amour'）

爱的花环（'Guirlande d'Amour'）

高度：约2.5米　宽度：约2米

开花性：重复开花　类型：杂交麝香蔷薇（藤本）

香味：浓香　注册名：'LENalbi'　耐寒性：5—9区

　　爱的花环能绽放大量纯白色花朵，呈巨大的金字塔状，满枝繁花，最多可达80朵。单朵花半重瓣，雄蕊一览无余，散发出浓郁的麝香与丁香的芬芳，这也是麝香蔷薇品种的典型特征。该品种也可以作为优美的拱形灌木栽培。总体上，它是一个健康可靠的品种。

格特鲁德·杰基尔（'Gertrude Jekyll'）

高度：约2.5米　宽度：约2米

开花性：重复开花　类型：英国月季　香味：浓郁老玫瑰香

注册名：'AUSbord'　耐寒性：4—9区

　　经典的老玫瑰芬芳，令**格特鲁德·杰基尔**备受青睐。不仅如此，其硕大的纯正粉红色花朵也格外动人，众多花瓣排列成莲座状花形。正因其香味浓郁，该品种适合种植于花朵易于触手可及的位置，如门边、常走的小路的墙边或拱门旁。

格特鲁德·杰基尔（'Gertrude Jekyll'）

适合攀树生长的品种

许多野生蔷薇具有攀上大树的自然习性，这是借助枝条上皮刺的支持和固定作用实现的。蔓性月季的枝条在乔木间交错伸展，形成了壮观的景象。而对于较小的乔灌木，也可以搭配更多较为紧凑的品种穿插生长，给花园增添亮点。

克佑漫步者（'Kew Rambler'）

克佑漫步者（'Kew Rambler'）

高度：约5米　宽度：约3米

开花性：一季花　类型：蔓性月季　香味：浓郁麝香

耐寒性：7—9区

　　克佑漫步者的亲本之一——川滇蔷薇，是一种罕见的藤本野生蔷薇，奶油色的小花，叶子呈灰绿色，枝条多刺。该品种继承了其后两个特征，但花朵更大，而且呈相当明亮的粉红色，中央有白色的"眼睛"。到了秋季，它会结出满枝橘黄色的秋实。

弗朗西斯·莱斯特（'Francis E. Lester'）

高度：约5米　宽度：约3米

开花性：一季花　类型：蔓性月季　香味：浓郁麝香

耐寒性：6—9区

　　这是一个花量巨大的蔓性月季品种，众多小花构成一簇硕大的花序。花朵呈柔和的粉红色，中间是淡淡的白色，到最后整朵花会变白。花朵的自洁性很好（对蔓性月季来说这是相当重要的特点，因为大多数花朵的高度无法触手可及），花后会结出丰硕的橙红色蔷薇果，可以一直保持到寒冬时节供鸟类食用。它具有典型的麝香香型，花香浓郁，从远处就能闻到。**弗朗西斯·莱斯特**也可植于棚架旁，下垂的花簇会更容易靠近欣赏。总体来说，该品种健康、坚韧，是适合花园的优秀品种。

凯菲斯盖特腺梗蔷薇（*Rosa filipes* 'Kiftsgate'）

高度：约12米或更高　宽度：约8米或更宽

开花性：一季花　类型：野生种（蔓性）　香味：浓郁麝香

耐寒性：6—9区

　　这绝非一个纤弱的品种，可以说是所有品种中生命力最强的。生长在凯菲斯盖特花园（Kiftsgate Court，以此得名）的植株至少有25米高，攀上一株山毛榉树上。如果能找到足够大的空间，它就能展现出无与伦比的美丽。嫩叶呈浅铜色。单朵花呈白色，虽然很不起眼，但由100朵甚至更多的花朵组成了巨大且开展的花序，而且散发出美妙的麝香芬芳。花后结出美丽且持久的玫瑰红色蔷薇果。该品种也可应用于其他场合，但每年会抽出3—4米长的新枝，需要做大量的管理工作。

弗朗西斯·莱斯特（'Francis E. Lester'）

凯菲斯盖特腺梗蔷薇（*Rosa filipes* 'Kiftsgate'）

栀子花 ('Gardenia')

高度：约4.5米　宽度：约3米

开花性：一季花　类型：蔓性月季　香味：轻度至中度麝香

耐寒性：6—9区

　　早期的蔓性月季品种来自各种藤本野生蔷薇和庭院月季的杂交。光叶蔷薇是其常用亲本之一，它具有松散开展的株形和一定的重复开花的能力。**栀子花**便是源自光叶蔷薇与茶月季**花园珍珠**（'Perle des Jardins'）的杂交品种。它于1899年推出，随后广受欢迎，原因在于两个方面——它是首个大花形蔓性月季品种。此外，花朵呈黄色（一种柔和的黄色，很快就会褪成奶油色或白色，尤其是高温下）。它的长势不是很旺盛，适合攀上中等大小的树木，也不会"吞没"较小的乔灌木。

校长 ('Rambling Rector')

高度：约8米　宽度：约5米

开花性：一季花　类型：蔓性月季　香味：浓郁麝香

耐寒性：6—9区

　　校长是一个长势旺盛的品种，它更适合攀上大树而不适合靠墙栽培，否则就会变成难以驾驭的"怪物"。它可以穿过树枝，利用许多皮刺钩住树枝。它会开出持久的、香味浓郁的半重瓣纯白色小花。这些花凋谢后很快就能结出众多橙色的蔷薇果，可持续到冬天，最终成为鸟类的美餐。**校长**需要依附于大型乔木，如橡树、山毛榉或白蜡树（因为它很容易"吞没"较小的乔灌木）。令人惊讶的是，它也可以被修剪栽培成垂枝状，不过这需要足够的空间和坚固的树桩。

藤本塞西尔·布伦纳 ('Climbing Cécile Brunner')

高度：约8米　宽度：约4米

开花性：一季花　类型：藤本月季　香味：中度甜香

耐寒性：5—9区

　　当**藤本塞西尔·布伦纳**的成熟植株处于盛花期，满枝繁花的壮观画面令人难忘。数不清的花朵令人叹为观止，每朵初开的花如同微缩版的杂交茶香月季，花瓣向外翻卷。随着花蕾开放，它们形成一个带有纽扣眼的莲座状，颜色从清澈的粉红色逐渐变成胭脂红。它通常被认为是一季花品种，但有时在生长季末可复花。该藤本品种源于其原始品种**塞西尔·布伦纳**——只有约1米高，重复开花性一流，其他特征与藤本品种几乎完全一致。

藤本白色马曼·科歇 ('White Climbing Maman Cochet')

高度：约4.5米　宽度：约3米

开花性：重复开花　类型：藤本茶月季

香味：中度至浓郁茶香　耐寒性：7—11区

　　在温暖的气候条件下，该品种一年四季均可开花，对这种长势旺盛甚至可以攀上大树的品种来说并不常见。它需要适合的温暖气候才能展示最佳效果，如果长势过于旺盛，可能会淹没附近的小灌木，所以需要考虑其栽培位置。在相对凉爽的气候条件下，它则适合栽植于较小的树木旁，以及栅栏、墙面和方尖碑。它的花朵大而持久，易垂头，这是作为藤本月季品种的优势。柠檬黄色的花朵，外侧花瓣上带有粉色条纹。该品种是**白色马曼·科歇**的芽变品种，而**白色马曼·科歇**本身就是最初的**马曼·科歇**的芽变品种。

栀子花（'Gardenia'）

藤本塞西尔·布伦纳（'Climbing Cécile Brunner'）

校长（'Rambling Rector'）

藤本白色马曼·科歇（'White Climbing Maman Cochet'）

宝库（'Treasure Trove'）

高度：约10米　宽度：约5米

开花性：**一季花**　类型：**蔓性月季**　香味：**中度甜香**

耐寒性：**7—9区**

　　该品种最初是在约翰·特雷热（John Treasure）的花园里发现的，靠近一株**凯菲斯盖特**腺梗蔷薇下面，它的旁边紧挨着**鹅黄美人**（'Buff Beauty'），因此该品种被认为是这二者的杂交后代。它继承了**凯菲斯盖特**的超强长势，中等大小的杏黄色花朵使人联想到**鹅黄美人**的花色，并随花朵开放阶段的变化而褪色，有时会在高温环境下呈现粉色调。嫩叶的色彩相当丰富，具有很高的观赏价值。中等大小、圆润的红色蔷薇果可以一直保留到寒冬。该品种如此壮观的效果，强劲的长势，堪称独一无二。

黄木香花（重瓣黄木香，*Rosa banksiae* 'Lutea'）

高度：约7米　宽度：约3米

开花性：**一季花**　类型：**野生种（蔓性）**　香味：**淡香**

耐寒性：**8—11区**

　　当你在春日遇见一株长势旺盛的藤本蔷薇，缀满了鲜亮的黄色小花，那大概就是黄木香花了，它也被称为**班克斯夫人蔷薇**（'Lady Banks Rose'）。盛花期花量极大，那时的繁花令人赏心悦目。它最适应地中海气候，在英国，如果遇到较强的霜冻天气，可以对其进行重剪，即使如此它的长势依旧旺盛。黄木香花完全无刺，显然不具备附着在树干上的能力，但相比依附于墙面而言，实际上它更容易攀上大树。木香花的单瓣白花栽培类型——单瓣白木香（*R. banksiae* var. *normalis*），有最美妙的紫罗兰香味。遗憾的是，黄木香花仅有微弱的香味。

海华莎（'Hiawatha'）

海华莎（'Hiawatha'）

高度：约4米　宽度：约2.5米

开花性：一季花　类型：蔓性月季　香味：无香至淡香

耐寒性：5—9区

　　这是一个长势一般的蔓性月季品种，但可以给其他树木增添色彩与活力。该品种尽管单朵花很小，但花量很大，可形成花团锦簇的效果。花瓣基部白色，其余部分呈浓郁的深红色。如果能对其长枝条进行适当打理和整形，该品种则非常适合植于中等大小的乔木旁，也可用来装饰大型拱门。

　　"被月季覆盖的花树往往能成为花园里最亮丽的风景线，成百上千的花朵形成硕大且芳香的下垂花团。"

月季玫瑰的养护

好的开始是成功的一半

要想让你的月季园充斥着健康的植株和美丽的花朵，需要做好这两个要点：一是选择坚韧可靠、抗病性强的品种；二是提前确定合适的种植区域与恰当的种植方法。关于第一个要点，请参阅"月季玫瑰品种图鉴"这一章（见第87—219页）；关于第二个要点，请参阅下文。

裸根苗，还是盆栽苗

当你确定了一个品种后，可以选择购买处于休眠状态、没有土壤附着的植株（称为裸根），或是正常生长，甚至带花的盆栽苗。那么，选择哪一种呢？

很多品种的裸根苗可以通过网购，或是从苗圃直接获得，但往往仅在初冬至仲春期间才有供应。它们是直接从栽培地挖出来的，价格便宜易运输，且包装轻便环保。由于裸根苗通常不带叶子，它们在移栽时几乎不会受到影响。不过，在你收到裸根苗后，直到将它种下前的任何时候，你都不能让它的根部缺水干枯，这一点很关键。你如果不能立刻栽种，可能是因为土壤霜冻板结或太湿，那么最好立即进行假植——挖一个足够大的洞，把根和茎基部约5厘米深的部位埋起来，再把周围的土壤压实。月季植株也能在这种状态下存活数周。

月季盆栽苗则几乎一年四季都可以买到，你既可从花卉市场购买，也可网购。它们需要塑料容器、盆栽基质与肥料，经过数月的浇水和常规的养护管理后才可出售，运送时需要用大箱子包装。如果你想在现场购买，请检查植株本身是否健康并得到妥善管理。开花的盆栽月季苗会在你将其放入花园中时就立刻看到效果，然而当它经过移栽后，则需要额外的照顾和管理才能茁壮生长。

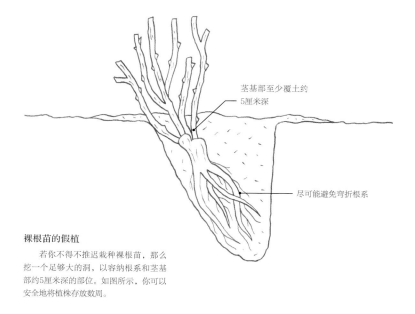

茎基部至少覆土约
5厘米深

尽可能避免弯折根系

裸根苗的假植

　　若你不得不推迟栽种裸根苗，那么挖一个足够大的洞，以容纳根系和茎基部约5厘米深的部位。如图所示，你可以安全地将植株存放数周。

选择合适的种植位置

　　你可以选择优秀且坚韧的月季品种，因为它们对种植位置的要求不高，只需要在夏季每天至少进行5—6小时的充足光照（但也有一些例外，如某些耐半阴品种只需每天3—4小时的日照即可，见第188—193页）。在炎热的气候条件下，月季可能更适合待在阴凉处，以免受午后阳光的摧残。如果种植场地经常有强风天气，那么你可以选择适应性强的种类，如密刺蔷薇或玫瑰及其杂交品种。

　　在墙脚处种植，特别是朝南或朝东的墙面，可以在一定程度上避开夏季盛行的风雨，但可能会带来额外的问题，如土壤干燥。因此，在此处种植至少需要约50厘米深的良好土壤，而且种植坑下方不能有坚固的岩石或地基。请你尽可能将种植坑挖得足够深，并加入额外的基质以保持水分。如果种植地点恰好位于檐下，你可以在离墙不远的地方种植，这样雨水就可回流至月季植株附近。偶尔适度的大水浸土或使用大面积的一次性覆盖物有助于保存水分，重点是要在月季出现干旱胁迫症状前就采取这些措施。

来自乔灌木或树篱根系的过度竞争也是一大障碍，特别是在月季植株尚未成熟的生长期。如果土壤下方根系复杂，那你最好将月季种得更远些，或修剪其他植物的根系，给月季根系留出足够的生长空间。蔓性月季和野生蔷薇通常都能轻松应对这种问题，即便种在树脚下也能长势良好，不过它们可能需要花费一两年的时间才能彻底扎根下来。

无论如何，请确保有足够的空间种植你选择的月季品种。可见第87—219页的植株高度和宽度信息作为株距的参考。你如果想打造绿篱，则应间隔1/2植株宽度的距离种植。

整地准备

月季喜欢保湿性佳、排水良好的土壤，不能有积水。只要不是厚重的黏土，也不是排水不畅的沙土，通常都适合种植月季。当然，所有的土壤都可以通过在种植时加入已充分腐熟的有机肥来改善土质，并从那时起定期覆盖。这样做有助于保持水分，给那些对土壤及植物健康生长至关重要的各种土壤生物提供赖以生存的环境。土壤的pH值（酸碱度）应在中性附近（pH为7），pH在6—7.5之间都是可以的。这些月季值得你花时间，甚至在有必要时花钱，以确保在种之前尽可能创造出适合月季生长的土壤条件。一旦定植，要想再次改良根系周围的土壤是相当困难的。

有机肥可以是自制的堆肥或动物粪便，但二者都必须充分腐熟，因为腐熟过程会耗尽土壤中的氮素营养，导致月季植株缺乏营养而死。你也可购买一些土壤改良剂，通常是动物粪便和植物残渣的混合物，同样应确保其充分腐熟，以及不含杂草种子和活的杂草。这种改良剂通常是最简单可行的；自制堆肥和粪便往往混合了活体杂草，会带来很多额外工作。无论使用何种有机肥料，只要土壤本身条件很好，每个种植坑仅需添加1—2铲有机肥，与挖出的土壤混合均匀即可。条件较差的土壤可以多加一点，但不要超过约1/4的量——有机肥本身很容易分解和消失，这样可能会导致土壤质量变差，土壤逐渐脱水干结并远离根部，最终使得根系难以与土壤充分接触。对于野生蔷薇和其他一季花的品种，通常仅需对土壤稍加改善即可，甚至无须改善。

更新替旧

如果你想在先前种植过月季的地方重新种植月季，那么你需要做一些额外的准备工作，以免出现连作障碍的问题，导致发生再植病害，植株生长不良、成熟缓慢等后果。通常情况下，这类问题的发生仅仅是由于土壤被破坏了，也许已经多年没有进行覆土改良，或者是土壤质地过于密实，缺乏对植株健康生长至关重要的土壤生物。如果种植过月季的土壤看起来状态不错——易于挖掘，里面存活着较多的土壤生物——那么你可以像往常一样准备和栽种，新的月季植株就会正常生长，最好在你种植时使用适量菌根粉。

如果你觉得场地原有的土质已经不适合种植月季了，但你依旧希望能够栽种一些，那么最快的办法是为每株月季换上约50厘米 × 50厘米见方、同样深度的土壤。要点在于更换的土壤——买来的营养土通常保水性差，几乎不含有机物，pH高，缺乏疏松透气的结构——这些并非适合月季的土质。对一两株月季来说，工作量不算大；但对一个需要种植了20余株月季的花境来说，这可是一项艰巨的工作。因此，另一个办法是加入大量充分腐熟的有机肥，并种植一种覆盖植物，如具有观赏价值的菊蒿叶沙铃花（*Phacelia tanacetifolia*），2—3年后再种植新的月季。这种草花需要在春天直接播种到土壤中，一旦花期结束就挖出来。

准备与栽种月季

千万不要让月季裸根苗的根系缺水干枯。你应该将其置于原包装中，存放在阴凉无霜的地方，如果有必要的话，可以将它们进行假植（见第222—223页）。在你准备栽种它们的一两个小时前，把它们从包装里取出来，并放在水桶里，直到你准备好可以栽种的定植坑。

盆栽苗的栽培基质往往是干燥的，一旦直接下地就很难充分浇水。如果你这样直接种植，月季的生长很可能会受到影响，需要更长的时间才能扎根，并且更容易受到病虫害的侵扰。因此，可在种植前将整个栽培容器浸泡在水中一个小时左右，然后再进行排水，这一点至关重要。如果当你把月季苗从花盆中取出来时，发现根部形成了根团——根系和基质紧紧地纠缠在一起（月季植株的根系被花盆有限的空间束缚住了），那么你应当先把根团打散，让根系分散到定植区域周边的土壤中。

你挖出的种植坑应当足够宽，以容纳根系且不至于使其弯折。种植坑也要有足够的深度，使接合处（主干与根系相连的膨大过渡部位）低于地面约5厘米。

当月季的根系较为潮湿时，在表面撒上菌根粉是个不错的选择。菌根粉中的真菌可以帮助植物从土壤中吸收水分和养分，有证据表明它们可以促使月季在条件不佳的土壤中健康生长。菌根粉仅可在种植期间使用，因为它们需要与根系直接接触。施用时最好把月季植株先置于种植坑中，这样不会浪费没有附到根系上的多余菌根粉。

检查月季植株在种植坑中的深度是否合适 —— 主干与根系相连的接合处是否低于地面约5厘米。用土壤和有机肥混合基质回填，将其压实，但不要过度紧实。给新种植的月季浇定根水，尤其在土壤完全干燥的情况下。如果是盆栽月季，种植后当然也需要大量浇水；如果是在夏季种植正常生长状态的月季植株，在接下来的几个月里也需要勤浇水。

移栽

多年生的月季植株也能顺利移栽。其中小型品种最容易移栽成活，即便是10年苗也可进行移栽操作。但如果是根系发达的大型品种，在定植5年后重新移栽，要想使月季再度茁壮生长就相当困难了。移栽一般在冬季进行，你要把月季从地里挖出来后立即栽种 —— 首先要挖好定植坑！如果有任何情况导致不能立即栽种，请迅速把月季放进一桶水里以保持根部湿润，否则就先进行假植，直到你有时间进行移栽。

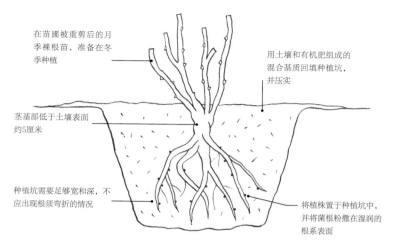

在苗圃被重剪后的月季裸根苗，准备在冬季种植

用土壤和有机肥组成的混合基质回填种植坑，并压实

茎基部低于土壤表面约5厘米

种植坑需要足够宽和深，不应出现根须弯折的情况

将植株置于种植坑中，并将菌根粉撒在湿润的根系表面

月季种植

在种植前，请将裸根苗或盆栽苗浸泡1小时左右，随后立即浇透水。

第一年的管理

　　裸根苗在第一年不需要过多地浇水，除非土壤非常干燥。而盆栽苗需要定期浇水。在每株月季周围的土壤上筑一圈直径约60厘米的蓄水槽，以防水分外流。

　　确保你种植的月季周围保持相对舒朗、整洁，尤其是在定植后的头一两年。理想情况下，在月季周围覆盖约一平方米的覆盖物，这样有利于保持水分和滋养土壤，并确保区域内没有杂草和其他侵占性强的植物。

在花盆中种植

　　对大多数灌木月季品种来说，盆栽容器的直径至少要有50厘米，深度也要大致相同。藤本品种则需要更大的空间 —— 至少60厘米宽和深的花盆。容器越大，水和养分的供应就越充足，从而降低月季植株缺水的风险。

　　你可以在花盆里装上优质且不含泥炭的盆栽基质，或自制完全腐熟的且无多年生杂草的花园堆肥，与优质土壤以50∶50的比例混合。优良的土壤有助于长期的养分供应，并能保持水分，而堆肥将有助于提高栽培基质的透气性。土壤还可以固定植株，有助于防止花盆被大风吹倒，尤其在使用塑料花盆时更是如此。用盆垫把花盆整体抬高同样是很好的选择，以确保植株在潮湿的天气里不会浸在水里。

盆栽月季需要定期和大量浇水。你可以通过土面以下约15厘米的土壤干湿情况来判断盆土湿度。盆栽基质在干燥时会变得皱缩，这样水就会顺着干燥的土面两侧直接渗到盆底。如果发生这种情况，就需要经常浇水以重新润湿土壤。

繁殖月季

商业种植者通过芽接或嫁接来实现大量生产的目的，方法是将该品种的一个芽点小心翼翼地插入砧木的茎表皮下，并将其覆盖。严冬时节，一旦嫁接口愈合，就把嫁接芽上面的主枝剪去，这样便可刺激嫁接芽的生长。

由于整个嫁接过程要求种植者具备熟练的操作经验，并且需要合适的砧木，所以嫁接操作最好还是留给专家或生产者来做。一般水平的园艺爱好者可通过扦插来繁殖月季。这种简单的操作适用于大多数品种，尽管有些品种较难扦插成活，某些品种甚至完全不可行。

从夏季到秋季均是进行扦插的黄金时间，这时应该很容易找到尚未完全木质化的、仍有一定可塑性且近期开过花的枝条。插穗的长度宜为15—20厘米。由于根可以从枝条的任何地方长出来，所以剪取插穗时，距离芽点的远近并不重要。你需要去除顶端的生长点，包括其下的任何生长点，以及除上部两三枚叶片外的所有叶片。将每根插穗插一半的长度插入基质中，可以选择在有适当遮蔽的地方插入露天地面，也可以在温室或冷床的阴凉处插入装有无泥炭扦插基质的盆中。然后给插穗浇水，并保持基质湿润。一旦你的插穗生长旺盛，并且长出了良好的根系——这可能需要数周到一年的时间，取决于天气的温暖程度——就可以把它们移到更开阔的苗床或花盆中。不要过早移栽它们，因为新生的根系往往相当脆弱。

压条繁殖是另一种可行的繁殖方法，适用于那些茎部容易弯曲到地面的品种（如蔓性月季和地被月季品种）。只需要在茎部切出部分伤口，浅埋，然后固定在原地。约一年后，等新的根系完全形成，就可以将生根的茎段从母株上分离并移栽。

　　你还可以从花园里种植的月季植株上采集种子进行播种，但由于昆虫的交叉授粉，产生的后代性状会与母株不同。遗憾的是，后代的表现往往不尽如人意，但通过播种观察记录后代的特点这个过程充满了无穷乐趣。应从成熟的果实取下种子，在播种前用塑料袋装在冰箱里冷藏两个月。一旦播种，应当置于温暖且有充足光照的地方，但要低于15 ℃，因为更高的温度会抑制种子发芽。新品种就是通过这种方式培育的，尽管这往往需要在数万颗种子获得的幼苗中找到一株有价值的园艺品种，可谓万里挑一。

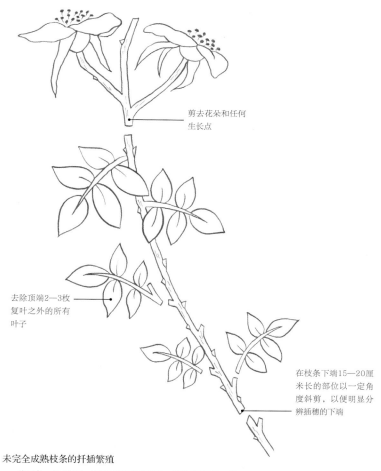

剪去花朵和任何生长点

去除顶端2—3枚复叶之外的所有叶子

在枝条下端15—20厘米长的部位以一定角度斜剪，以便明显分辨插穗的下端

未完全成熟枝条的扦插繁殖

　　找到有一定可塑性、刚开过花的粗壮枝条。处理好插穗后，将其一半的长度插入基质中，可以选择插入有遮蔽的地里，或插入装有无泥炭扦插基质的盆中，并置于阴凉的冷床或温室里。

月季养护管理

野生蔷薇及其杂交品种一旦完成定植，就可以任其生长。但大多数其他类型的品种需要更多的养护管理，以帮助其健康成长。

除草和覆盖

确保月季植株周围没有过度竞争的情况，这对月季的健康生长来说相当重要，因此你需要定期检查是否有任何过度侵占月季地盘的植物，无论是杂草还是生长过于旺盛的搭配植物都要清除。这样也能保证月季生长环境的通风透气，有助于减少真菌性病害的发生。

为了保持月季的良好生长，你需要使土壤保持良好状态月（实际上也适用于其他所有观赏植物）。保持这种状态的最好方法是定期覆盖。一层厚厚的覆盖物可以保护土壤不受外界影响，掩埋病叶，有利于保持水分和控制杂草，并使土壤更加紧实。更重要的是，这有利于维持土壤环境中生活的众多生物的繁殖。

覆盖物通常为一层简单的有机肥，施用至土壤表层。覆盖物可以不充分腐熟，因为它仅用于土表。只要没有杂草，覆盖物也可以由树皮或木屑、粪便、花园堆肥、用过的盆栽基质或蘑菇渣组成（只有当土壤的pH低于7时才能使用，因为蘑菇渣是偏碱性的）。覆盖材料的质地不宜太细，否则可能会形成不透水的聚合物导致土表的水难以渗入地下。

覆盖的最佳时间通常是在修剪之后（见第233—238页），因为在月季修剪后植株间的空间更大，这样更加方便操作，也不会伤及新芽。施用时，将覆盖材料平铺5—10厘米的厚度。如有必要，在一年内可随时对土壤厚度较薄的地方进行覆盖。

浇水

虽然月季可以在较长时间的干旱中存活下来，但要想让月季生长良好，又能有四时常开的花朵相伴，就需要给它们提供充足的水分。具体浇水量取决于天气和土壤的排水情况。判断土壤湿度的最好方法是挖一个15—20厘米深的小洞观察干湿情况。如果感觉底部的土壤干燥不够湿润，就需要浇水充分浸湿土壤。最好的浇水方式是低频次浇水，但每次要浇透，以促进根系生长。虽然自动滴灌系统有助于水分管理，但仍需要你认真检查，防止出现土壤积水或仅仅湿润土壤表面的问题。

浇水时一定要注意避免将水溅到叶子上，因为这会增加许多病害发生的概率。如果你使用喷灌系统，或用水管浇水时不可避免打湿叶子，那么请最好在一天中最热的时间段前给月季浇水，这将有助于使叶子迅速干燥。反之，你若在清晨或傍晚浇水，就可能导致叶子在数小时内保持湿润，增加病害发生的概率。

施肥

虽然额外施肥并非必须操作，但可促进大多数品种的生长，特别是那些多季花、花期长的品种，因为反复开花可能会消耗植物的能量。任何一种氮、磷、钾比例约为5∶5∶10的颗粒肥都能为改善月季生长起到很好的效果，较高比例的钾元素可促进开花。避免使用氮元素比例较高的肥料，因为这类肥料会促进营养生长，而过度的营养生长将消耗植株开花所需的养分，同时更易受到病虫害的影响。

第一次施肥时间应赶在春季新芽萌动及迅速生长的时期进行，而第二次施肥应在第一次盛花期进行。在夏末秋初进行第三次施肥可促进植株生长状态的维持，但不要太晚，因为这可能会促进新枝的生长，而此时植株往往更容易受到霜冻的伤害。施肥时，千万不要施用超过推荐量的肥料，这样做弊大于利。将颗粒肥均匀地撒在月季灌丛基部周围，如果近期无雨，就浇透水。

用叶面肥喷施叶片，可以提高月季植株的抗病性。海藻肥就是典型的例子，肥效很好。那些用聚合草或异株荨麻制成的叶面肥同样效果很好（尽管它们很臭）。

野生蔷薇及其杂交种通常不需要追肥，而一季花的古典蔷薇及古老月季品种只需在春季施肥一次即可。

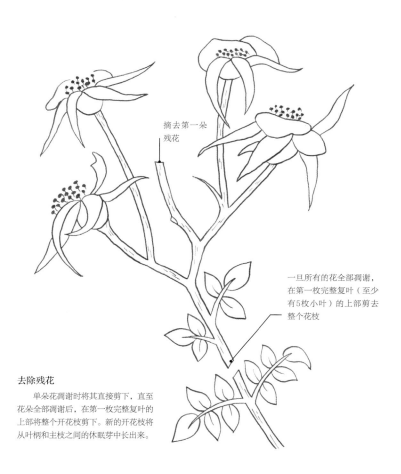

摘去第一朵
残花

一旦所有的花全部凋谢，
在第一枚完整复叶（至少
有5枚小叶）的上部剪去
整个花枝

去除残花

单朵花凋谢时将其直接剪下，直至
花朵全部凋谢后，在第一枚完整复叶的
上部将整个开花枝剪下。新的开花枝将
从叶柄和主枝之间的休眠芽中长出来。

去除残花

定期去除残花可以维持月季植株的株形美观，促使更多的花朵开放。如果花朵的自洁性差，花瓣不能脱落干净，月季植株上布满了腐烂的残花，该操作就显得尤为重要了。当单朵花凋谢时，只需将其摘除即可。一旦开花枝上所有的花朵全部凋谢，就要用修枝剪将它剪至第一枚完整的复叶（有5—7枚小叶的叶子）上方。若要在年末修剪残花，不宜太晚进行操作，因为这可能会促使腋芽萌发出新枝，更容易遭受冻害。

一季花的古典蔷薇或古老月季品种无须去除残花，除非整体效果不够美观。若你希望得到丰硕的果实，无论一季花还是重复开花的品种，都不应剪去花枝。但如果你依旧想在第一波春花后能够见到更多的花朵绽放，你可以尝试仅去除一半的残花，也可去除残花直到夏末为止，看看在剩下的时间里，花后的秋实能否如愿成熟。

修剪和牵引

关于如何修剪月季的资料和文章有很多，其中许多所谓的重要规则会明确说明"应该"或"不能"做什么。但所有这一切使得一个实际上相对简单的工作变成了一个看上去非常复杂烦琐的任务。

许多所谓的"修剪规则"是以展览为目的种植月季而制定的，是为那些试图打造出用于展览的完美花朵的专业园艺师准备的。而他们选择的品种与我们今天种植的绝大多数月季品种并无太多相似之处。

你需要明白，修剪月季的目的是打造一个充满吸引力的株形，尽可能地多开出品质好的花。修剪还可以使月季的整体生长控制在你需要的空间范围内，并有助于控制在叶子和一些老茎上越冬的病菌和害虫。疏枝可促进植株内良好的空气流通，刺激新芽的健康生长。

不同类型的月季修剪

鉴于不同月季的株形和生长习性各不相同，每种类型的月季都有特定的合适的修剪方法，这点并不奇怪。但你要知道，所谓"错误的修剪方式"绝不会对月季植株造成任何永久性的伤害。你完全可以通过不断试错和观察，年复一年地积累经验。

重复开花的灌木月季品种，以及藤本月季和蔓性月季，可能是家庭园艺中最常见的类型，因此，本书第234—236页会有更详细的关于修剪技巧的说明。对于其他类型月季的修剪，请参阅下文。

野生蔷薇及其杂交品种

本类型无须修剪。它们作为蔷薇属的"老祖宗"，已经在野外生存了数百万年，也从未被修剪过。修剪会破坏它们的株形，减少它们的花朵和花蕾的数量。你最多可能需要在它们生长了一二十年后，剪除基部失去活力的老化木质茎，使植株恢复活力。

一季花品种和茶月季

虽然这些品种的修剪方法与可重复开花的灌木月季相同，但实际上，修剪开过花的蔷薇（主要包括法国蔷薇、大马士革蔷薇、白蔷薇、百叶蔷薇和苔蔷薇等品种）的方式略有不同。因为这些古典蔷薇与重复开花的品种有不同的生长习性，如果修剪过度，很容易失去这种特性。因此，它们只适合做轻度修剪 —— 剪去约1/4的整体高度，并留下一些侧枝，这将有助于保留它们的生长特点。去除任何病枝和交叉枝，但不要把它们修剪得太过稀疏或整齐。

茶月季可以或多或少持续开花，但并不宜过多修剪。若植株有多年树龄，每年仅需剪掉一两根开花最少的枝条，以促其从基部长出新枝。

杂交茶香月季和丰花月季

这些品种可能需要比其他灌木月季更重的修剪方式（见下文），以维持它们的株形，防止植株长势日渐衰退、枝条细弱。如果你想让它们在更粗壮的枝条上开出更大的花朵（像花展上展出的品种那样），你可以对它们进行更重程度的修剪，但这将削弱植株的长势，缩短其寿命。

树状月季

这类月季的修剪一般比不具长枝的相同品种更难，因为如果将它的顶端留得太多，整体会显得头重脚轻，就有可能折断或被风吹倒。因此需要精心修剪，将其塑造成圆球形。

重复开花的灌木月季

简单来说，修剪灌木月季（也就是除了野生蔷薇、藤本月季或蔓性月季之外的所有品种）可能只需将月季植株的高度缩减一半左右，这取决于你规划中的月季植株应当保留多少高度。修剪程度越重，植株就越矮且越稀疏。当然，为了取得更理想的效果，值得在进行修剪前详细了解月季的生长和开花情况。

仔细观察月季植株，你会发现，花是从主茎上长出的侧枝或从基部长出的当年生新枝顶端产生的。这两类品种都可以将枝条长度修剪至10—15厘米，大约在新芽生长开始时进行（见第236—237页）。这将刺激植株长出更多的侧枝，而且这些侧枝可同期开花。第二年冬天，你可以用同样的方法再次修剪这些枝条。如果植株长得太高，就把主枝剪至侧枝的生长点以下的位置。

此外，你还要寻找那些与光滑鲜亮的青绿色健康枝条形成鲜明对比的 —— 看上去老旧粗糙、呈棕褐色的老枝。把这些枝条剪掉，因为它们可能会开出质量不佳的花朵。如果你去观察这些枝条的上部，就会发现它们往往长势弱，也更容易遭受病虫害的困扰。最后，你要去除所有的枯死枝、病枝或其他弱枝，以及所有残叶。如果所有的枝条看上去都已老化，最好的办法是进行恢复性修剪（见第237页）。

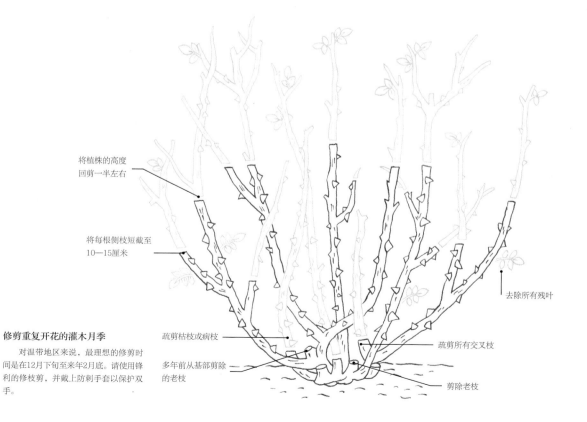

将植株的高度回剪一半左右

将每根侧枝短截至10—15厘米

去除所有残叶

修剪重复开花的灌木月季

对温带地区来说，最理想的修剪时间是在12月下旬至来年2月底。请使用锋利的修枝剪，并戴上防刺手套以保护双手。

疏剪枯枝或病枝

疏剪所有交叉枝

多年前从基部剪除的老枝

剪除老枝

完成修剪后，观察整体效果。植株修剪后的整体效果看起来是否平衡？它是你想要的株形和大小吗？所有的枯死枝和病枝是否都已清除？然后再做一些调整，摘掉枝条上残留的叶子，因为它们很可能会成为病虫害的潜伏之处。当然你也可以对月季植株周围进行除草，然后在周边铺上覆盖物以掩盖落叶，因为这些落叶也可能滋生病虫害。

藤本月季与蔓性月季

对于藤本月季和蔓性月季，选择合适的品种往往比修剪方式更重要。尝试将月季的株形、长势与你的规划中它应当覆盖的结构或区域的大小相匹配。不要尝试选择在一两年内就能翻越墙面或方尖碑的品种，否则它会持续过度生长，造成麻烦。

你如果想把藤本月季或蔓性月季牵引形成某种造型或结构，如栅栏或拱门（见第238页），都可用同样的方式进行修剪。在开花习性方面，藤本月季、蔓性月季与重复开花的灌木月季品种相似，唯一的区别在于可开花的侧枝通常是从更长的主枝上长出来的。让这些主枝生长至你需要的长度，并将侧枝短截至5—15厘米，具体取决于你对植株外观整齐度的要求。如果你想保持紧凑的株形，就把它们剪至只留下一个或两个芽，或5厘米左右。若你追求更自然的株形，可以将枝条留得更长一些。与灌木月季一样，经修剪后的枝条上会长出更多侧芽，这些侧芽形成的侧枝应在第二年冬天以同样的方式修剪。以此类推，持续这个过程，直到最初的主枝老化，此时就可以将其完全剪除了。

当蔓性月季攀上高树时，你就难以进行修剪操作了，可任其自由生长。即使没有修枝剪的帮助，它们也能保持整体的美观。

进行修剪的时机

无论你在何种气候条件下种植月季，通用的做法是在月季新芽刚开始生长时进行修剪。如果修剪时间再早一点，就有可能过早地促进幼芽生长，容易受到冻害。而若再晚一点的话，许多已生长的嫩芽就会被剪掉，那时月季早已茁壮生长了，第一波花也会随之推迟。

在气候温和的地区，理想的修剪时间是在12月下旬至来年2月底。在很少出现霜冻的地中海气候地区，修剪可于11月底至12月初开始，最迟应在1月底之前完成。在一些气候炎热的地方，月季很可能在仲夏进入休眠期，因此主要的修剪工作应在那时进行。

如果一株月季在年底发出长枝，最好将这些枝条剪去1/3—1/2的长度，以防被冬季的寒风折断，还能维持株形整洁。

应对几乎所有的修剪工作，你唯一需要的工具就是一把锋利的修枝剪。如果修剪多年老桩，并且有大量的枝条，你还需要剪枝器和修枝锯。手套是必不可少的，最好有一定厚度，防止被刺伤，但也不必太厚，以免限制你的行动。

大多数关于月季"应该如何修剪"和"在何处修剪"的规则都可选择性忽略。也许还有某些专业指南提到"枝条必须按照一定角度斜剪"，但这其实是无关紧要的。这条规则很可能源自修枝剪发明之前的时代，当时月季修剪是用刀进行的，往往按照一定角度切开枝条。事实上，横切的效果甚至可能更好，因为这样暴露的切口截面积更小。修剪位置位于芽点上方的距离也并非关键——若你在芽点上方约2.5厘米甚至更高的位置修剪，可能会留下一小段枯死枝，但对月季本身几乎没有任何影响，很快就会被繁茂的叶片遮住。人生苦短，不必为没有寻得心目中最完美的外向芽点而郁郁寡欢。你真正要做的，是集中精力在恰到好处的位置修剪枝条，以创造出极具魅力的株形。

让缺少管理的月季焕发新生

如果一株月季多年未进行适当的修剪（甚至从未修剪），那么主枝就会局部老化和木质化，植株会长得过高。处理这种情况最简单的方法是将所有枝条直接干脆利落地剪至距离地面约30厘米的高度。该操作可以在一个生长期内完成，若月季植株整体状态看上去相当虚弱，则可以分两年进行。若处理得当，该植株在春天就会长出新的嫩枝，老化的月季即可焕发新生。

在支撑结构上牵引藤本月季

最简易的支撑物是防锈螺丝钉，以一定的间隔排列安装。螺丝钉需要在墙面上伸出大约2.5厘米的长度，所以选用约7.5厘米长的螺丝钉效果较好。搭设棚架是另一个简单方便的选择。将枝条绑缚在棚架上，而不是靠在后面，因为这可能会压垮棚架，并使老枝的修剪操作变得更加困难。还有一种不显眼的支撑物可供选择，就是间隔大约50厘米的水平金属丝，连接在金属锁孔挂钩上，使其与墙壁保持一定距离。此外应搭配使用张紧器，使金属丝绷紧，将月季的枝条绑缚在金属丝的外侧。

绳子是将枝条绑缚固定在支架上的常备品，要求是足够结实，在大风天气下不会断裂。不宜绑缚过紧，应略松一点，以便枝条生长和增粗。空心且有弹性的塑料管也是一个很好的选择。但不应使用铁丝，因为它很容易扎入枝条，对其造成伤害。

水平横拉或斜向牵引的枝条往往能比直立枝开出更多的花朵，所以你的目标是牵引枝条使其整体呈扇形分布，以填补你规划的空间，并用柔软的麻绳将它们绑缚在支撑的金属丝或棚架上。

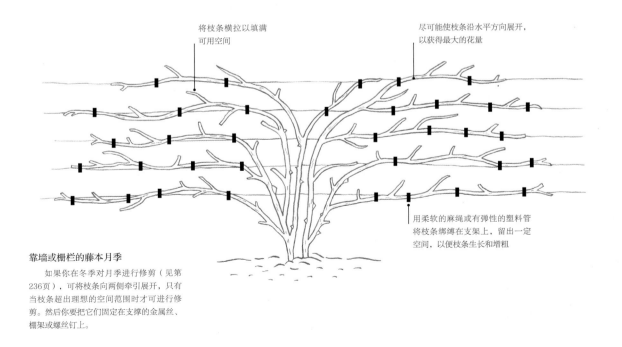

将枝条横拉以填满
可用空间

尽可能使枝条沿水平方向展开，
以获得最大的花量

用柔软的麻绳或有弹性的塑料管
将枝条绑缚在支架上，留出一定
空间，以便枝条生长和增粗

靠墙或栅栏的藤本月季

如果你在冬季对月季进行修剪（见第236页），可将枝条向两侧牵引展开，只有当枝条超出理想的空间范围时才可进行修剪。然后你要把它们固定在支撑的金属丝、棚架或螺丝钉上。

当你的月季长势不佳时

任何问题只要及早发现，是很容易进行补救的，即使在最严重的情况下，大多数问题也可以得到补救，甚至完全解决。

预防胜于治疗

让月季保持健康，最简单的方法在于选择抗病的品种，并在种植前做好准备（见第224—225页）。将月季与其他植物混种也是行之有效的办法。这样做可使病虫害更难在月季植株之间相互传播，并吸引益虫的"造访"，有助于减少害虫的数量。给每株月季足够的生长空间，以确保空气在植株间流通顺畅，可以使叶片迅速干燥，从而减少疾病的发生。此外，合理修剪、定期覆盖、施肥、必要时浇水，也会让你的月季保持最佳状态。

你的花园里的病害水平越低，空气中的病害真菌孢子就越少，那么你的月季必然更健康。但是如果你尽了最大努力，还是出现了严重的病害，且情况丝毫没有改善，那就改种抗病的月季品种替代它。如果你打算在原来的位置重新种植，首先请改良土壤（见第225页）。

病虫害往往在月季枝条上越冬。枝条老化越严重，越容易滋生病虫害，这就是为什么在冬季修剪时要把老化枝剪除，让健壮的新枝替代它们。去除所有残叶，并将落叶用一层覆盖物遮蔽，这样也会降低春季重新感染病虫害的概率。修剪程度越重，就能清除更多的感染源，不过你也需要权衡过度修剪的风险，因为过度修剪可能会缩短月季植株的寿命。

需要关注的症状

密切关注你的月季，并在病害早期及时发现和诊断问题，才能确保对症治疗，取得成效。

长势不良

有时也许你会发现某株月季长势衰弱，看起来病恹恹的，如植株生长缓慢，没有长出足够多的开花枝，或花形不标准。

月季是否与其他植物存在竞争关系？ 如果月季植株周围有大片成丛的其他植物，常会导致月季缺少水分和养分。将这些植物连根拔除，在有机材料地膜的覆盖下保持土地平整且无杂草。此外，附近的树木或树篱也可能占用你提供给月季的水分及养分。黄杨和欧洲红豆杉树篱很容易造成这种问题，因为它们的根系较浅。可将厚的聚乙烯板嵌入约30厘米深的土中作为隔断，以减少或防止它们的根系侵占。

阳光是否足够？ 大多数月季在生长期每天需要至少6小时的日照，即便是相对耐阴的品种（见第188—193页）每天也需要至少4小时的日照。若附近有其他植物遮挡了月季的光照，可将遮挡的枝条剪除。否则，唯一的办法就是在冬季将月季移栽到光照条件更好的地方（见第226页）。

也许是土壤pH过酸或过碱？ 月季喜欢中性的土壤，适合的pH范围约为6—7.5，在此范围之外可能会导致月季生长不良。土壤的pH可用家用pH试剂盒或试纸进行测试。若土壤过酸，你可以施用适量石灰粉解决问题。而将强碱性土壤调酸是比较困难的，可以尝试通过使用硫磺片剂来达到调酸的目的。

土壤是否易积水，或另一种极端 —— 排水太快？ 虽然月季可以适应各种类型的土壤，但它们不喜欢极端的黏土或沙土。通过使用大量腐熟的有机物可改善这两种土质，但这一操作需要在种植前进行。因此，唯一的选择是移栽（见第226页）。若你想这类土壤条件下种植，可参考第136—141页中介绍的为原生态环境推荐的品种，这类品种往往是较理想的选择。

是否种在了先前种植过月季的地方？ 把一株月季直接移栽并替换另一株，要是未经任何土壤改良处理，很可能产生连作障碍，使新的月季植株生长受阻。若土壤状况尚且良好，可以通过加入大量腐熟的有机肥和菌根粉以进一步改善土壤条件。如果土质不佳，你可能需要彻底换土（见第225页）。

除了上述因素，要是确实没有显而易见的因素，生长不良还可能是由土壤中的营养物质过剩或缺乏造成的。若你需要具体的解决方案，可将土壤样本送往专业的土壤分析实验室进行元素成分分析。最常见的问题是钾与（或）磷的过量或不足。缺少的营养元素很容易通过施用相应的化肥来弥补。营养过量往往是由施用过多的肥料或动物粪便造成的。这个问题没有快速的解决方法，因为过量的营养物质的含量需要历经多年才能下降，在此期间应仅施用适量的氮肥（最好是有机氮，过量的氮元素会明显促进茎的伸长，但长势瘦弱，且更容易受病虫害影响）。

最后，请记住，即使是精心照料的月季，其寿命也是有限的，这取决于品种类型和栽培条件。定植后15—20年，许多灌木月季品种会逐渐失去活力，你也许会计划更换它们。藤本月季、蔓性月季、重复开花和一次开花的古老月季和古典蔷薇，以及野生种蔷薇的寿命更长，有时甚至长达100年以上。

长出异样的枝条

在英国和欧洲大陆的大部分地区，几乎所有的市售月季品种都是通过芽接在砧木上出售的，砧木通常为疏花蔷薇（*Rosa laxa*），偶尔是无刺野蔷薇（*Rosa multiflora*）。而在其他地区（尤其是北美洲和澳大利亚），往往使用红色的藤本月季**休伊博士**（'Dr. Huey'）和白色的蔓性种类——大花白木香（*Rosa fortuneana*）作为砧木。目的是让接穗品种长势更快更健壮，尽快使植株达到可出售的大小。然而，砧木的根蘗芽有时会在嫁接月季附近生长，这些根蘗如果不及时清除，长大后会完全覆盖原来的品种。识别可能混入的疏花蔷薇和野蔷薇最简单的办法是观察新生的嫩叶。若嫩叶带有红色，则该新枝就不是砧木芽；若嫩叶呈纯绿色，且小叶数量、刺的形态及数量都与接穗品种明显不同，就可判断是砧木的根蘗。因此，你需要向下深挖直至你可以将它拔除，或在砧木芽与根部连接的地方剪去根蘗。

如果砧木芽已经长大并开花，此时就能够很明显地看出它和原品种的差别了。疏花蔷薇和无刺野蔷薇开出小而白色或淡粉色的单瓣花，大花白木香开小而重瓣的白花，而**休伊博士**的花呈鲜红色，半重瓣。然而，如果根蘗或砧木芽已经发展到了这个阶段，要想在不影响原接穗品种生长的情况下以一种相对安全的方式将其完全清除，恐怕为时已晚了。最好的解决办法是更换整株月季，否则就只能定期剪除砧木枝。

同理，树状月季有时会从主干上长出非常直立且向上生长的枝条。一旦发现，应立即将其剪除。

遭遇虫害

如果你的月季叶片上布满了星星点点的小洞，或是枝条被害虫侵占，也是一件令人不快的事情。是否需要额外关注虫害带来的问题，取决于害虫的类型及其造成损伤的严重程度。

新叶、花蕾等幼嫩生长点被密集的小虫子覆盖。 这些是蚜虫，通常体长3—5毫米，虫体一般呈绿色，但有时呈粉色或黑色（蚜虫残体呈白色，常易与白粉虱混淆）。蚜虫可能是月季最常见的害虫了，它们吸食汁液，然后排出蜜露，而蜜露具有黏性，会在沾有蜜露叶子上引起煤污病（黑色霉变）。蚜虫会以惊人的速度繁殖，但幸运的是，它们也是各种昆虫和鸟类的主要食物来源，所以很少造成太大问题。作为最终的控制手段，可以通过人工清除或敲打枝条来控制严重的蚜虫害。

叶片和花被啃食 可能是由日本金龟子引起的。这类甲虫体长8—10毫米，翅膀呈青铜色，胸部和头部呈带有金属光泽的绿色。它们在北美洲东海岸地区十分普遍，为害许多种植物，也包括月季（尤其是芳香品种）。完全消灭它们是十分困难的，因为它们能从很远的地方飞来。如果发现它们，可喷洒肥皂水，最好是在清晨金龟子释放信息素吸引其他同伴到来之前进行。

花蕾变形（或无法形成花蕾） 可能表明有蔷薇瘿蚊，几乎不能用肉眼看到它们。成虫在嫩芽上产卵，随后嫩芽会被发育中的幼虫吃掉，导致花朵发育不良。当发现时，症状通常很明显了，想要救治也为时已晚。因为幼虫已经化蛹，落至土表，几乎不可能完全控制。因此，只能清除受影响的花蕾和花朵。

花朵变形或有严重损伤 往往是由花蓟马在花瓣上取食造成的，它们会在白色或浅色系的月季花朵上留下褐色斑纹，影响花朵的质量。花蓟马很小，肉眼几乎看不见，很难（但并非不可能）控制。在凉爽的气候条件下它们的影响程度通常较轻。因此，必要时可去除受影响的花蕾和花朵。

缺少整个花蕾、嫩芽或整片叶子 可能是兔子、鹿等野生动物的杰作，它们会把月季的各个部位当成美味佳肴。遭受兔子破坏的典型特征是小叶缺失，只留下叶柄，以及土壤中的印痕和粪便。鹿对月季造成的损害往往更严重，它们甚至会吃掉花蕾。某些药剂可以阻止这些食草野生动物，但需要定期喷洒和交替更换使用不同的药剂。唯一的永久性预

防措施是建立合适的围栏。一个低成本的可行办法是拉开4—5股结实的鱼线绑在围栏支架上，间距约30厘米。鹿不会看到这些鱼线，但会避开这里前往其他地方觅食。此外，你也可以尝试种植玫瑰及其杂交品种，布满荆棘的枝条对觅食者来说并不可口。

叶片卷曲或损伤

叶片变得更小、更窄，可能是激素类除草剂造成的药害，如草甘膦以及应用于草坪的选择性除草剂。它们不宜在花园里使用，但如果你确定要使用，请注意在使用时远离月季，并避免在风吹向月季植株时候喷施。若喷施过量，可能会影响月季的生长。

叶子或枝条扭曲可能是辣椒蓟马的危害症状，已有辣椒蓟马在整个北美洲地区蔓延的报道。与花蓟马（见左页）一样，肉眼几乎察觉不到它们，且难以控制。最好的办法是清除受影响的花蕾和花朵。

出现过度分枝、多刺的红茎（且随着时间的推移不会返绿）是植株感染月季花环病的症状。它是由部分无翅亚纲昆虫以及随风传播的叶螨扩散引起的，因此无法控制，并会造成大面积危害。目前还没有有效的治疗方法，需尽快将整株月季挖出并进行无害化处理。

叶片或枝条上出现斑块、斑纹等痕迹

能引起这些症状的病害多种多样，有时可能难以辨别。

黑色或炭灰色的圆形斑点只出现在叶片上表面，直径为5—10毫米，边缘平滑，有时斑点边缘呈放射状，这是由黑斑病引起的，可能是所有月季病害中最常见的一种。如果症状严重，病斑聚在一起，病斑之间的叶片会逐渐变黄脱落，甚至整株月季的叶子全部落光，长势变弱，看起来相当不美观。叶子长期处于潮湿状态会更容易患黑斑病，这就是尽可能在白天给月季浇水而不宜过早或过晚的原因。不同月季品种对黑斑病的敏感性差异很大，有些品种完全抗病，有些品种则极其易感。但多数品种都有部分易感性，如果情况不算很严重，是可以接受的。一旦发现黑斑病发生的迹象，应立即喷施叶面肥（如海藻肥）。更好的办法是从生长期开始就定期施用该肥，尤其是当你得知某品种易受黑斑影响时。确保你能够为较弱小的植株提供尽可能好的生长条件。最好是在叶片受到严重影响的情况下才将其去除。去除尚未完全失绿的叶子会降低

植株进行光合作用的能力，进而可能会削弱植株的整体长势。喷洒2—3次适量的杀菌剂也许能够有所帮助。

形状不规则的深色（通常是深紫色）斑点是霜霉病的症状。这些斑点往往有明显的边缘，通常以叶脉为界，位于叶片上表面。通常会导致严重的落叶，某些易感的品种会在叶面斑点不明显时就出现落叶症状。有时你也会在茎部观察到斑点，此处斑点很小，呈更明显的紫色。霜霉病在长时间的高湿环境下容易暴发，主要发生于春秋两季。同理，最好在白天温度较高的时间段浇水，尽可能地减少叶片保持潮湿的时间。霜霉病易感性因品种而异，微型月季和部分蔓性月季品种更容易受影响。

霜霉病

小黑点直径约5毫米，会发展成具有灰色中心的环形病斑，这是炭疽病或灰斑病的特征。二者通常不会对植株造成太大的伤害。与黑斑病和霜霉病一样，某些月季品种容易受到感染，如果叶片长期处于潮湿状态，这类病害发生的可能性也会增加。

灰斑病

叶子和嫩茎上有白粉孢子覆盖，这是由白粉病引起的，有时嫩叶还会变形卷曲。白粉病具有显著的品种特异性，一些光叶蔓性月季品种，如多萝西·帕金斯（'Dorothy Perkins'）极易感染。根系干燥或叶片长期处于潮湿状态更容易诱发白粉病。但矛盾的是，打湿叶片有助于控制白粉的传播，因为阻止了真菌孢子的萌发。不过，你需要在中午时分这样做，那时往往有风，利于空气流通，阳光也最强，叶面能迅速变干。

白粉病

小型黄色斑点出现在叶子上表面，相应位置的叶背面出现橙红色的孢子堆，这是锈病的症状。叶背面的孢子堆会在年末由橙红色变为黑色。可能会造成严重的落叶和植株长势的减弱。不同品种对锈病的抗性差异很大，由于锈病很难用一般的栽培管理方法来控制，所以选择具有良好抗性的品种尤为重要。

锈病

叶表出现密集、细小的斑点，背面几乎看不到任何痕迹，这很可能是叶蝉留下的"杰作"。叶蝉是一类小型昆虫，体表呈绿色，长约5毫米，受到干扰时会飞走或跳走。它们吸食叶片汁液，但很少产生严重后果，几乎可忽略不计。

然而，如果在叶背可以看到微小的、类似昆虫的生物，表面有斑纹和斑点，这是红蜘蛛为害的表现。红蜘蛛个体用肉眼几乎很难看清，这些叶螨在叶背吸食汁液，削弱植株长势。如果不加以控制，它们最终会在茎叶顶部结网。红蜘蛛有时会在温和的气候条件下出现和繁殖，但在

叶蝉斑点

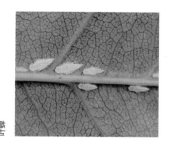

叶蝉

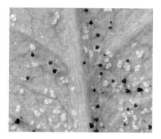

红蜘蛛

失绿症

蔷薇花叶病毒

烂苞

炎热干燥的环境中更常见，且会造成严重的危害。定期向叶背喷水也许有助于控制红蜘蛛的暴发势头。

叶色苍白，也就是失绿症，这种症状表明月季缺乏营养，或土壤pH过高或过低。实验室土壤营养成分分析可找出原因，最常见的是钾、磷、镁过量或不足，可以通过施用适当肥料进行补救（见第241页）。

叶面上出现不规则的黄色斑块和条纹，通常是蔷薇花叶病毒感染的标志。症状非常多变，没有明确的传播宿主，也不会通过修剪传播，目前只知道它可通过芽接或嫁接进行传播。尽管会给月季植株带来外观上的改变，但它很少对植株本身造成很大的伤害。

花朵打不开

这种情况有时被称为"烂苞"或"憋包花"，往往会在天气潮湿、阴冷时出现。花瓣多、质地较软的品种更容易出现这类问题。你也许可以通过掰开外层花瓣来挽救花朵，从而让内层花瓣打开。一旦天气好转，新生的花朵就可能照常开放。

最佳补救措施

当花园里心爱的植物遭受病虫害侵害时，我们每个人都希望有一个完美的解决方案。但我主张要有耐心和采取合理的园艺措施，这才是解决你种植月季过程中遭遇各种问题的"良方"。最好的方法是回归自然有机的可持续种植方式。按照第239页"预防胜于治疗"的建议，管理好你的土壤和花园里的所有植物。在问题出现之前，定期施用液体叶面肥（海藻肥、大蒜肥或其他类似产品），这样可以预防多数病害。事实上，你很难找到一株完全无病虫害的月季。最好的办法是接受现状，将病虫害控制在一个较低的水平上，并且你要明白，这些害虫其实也为你花园里的其他野生动物提供了宝贵的食物来源。

化学药剂应当作为最后的控制或治疗手段。在某些国家，杀菌剂和杀虫剂可用于控制或消除特定的病虫害，但需要谨慎使用，因为它们势必会对环境造成一定负面影响。防治黑斑病和白粉病的杀菌剂可作为预防性药剂使用，而杀虫剂仅在不伤害其他昆虫的情况下才能使用。请确保在无风的天气里喷洒药剂，这样你在喷洒时易于控制药剂的落下区域，注意保护人和宠物不与药剂直接接触。

术语解释

一年生植物（Annual）

在一个生长季内完成一个完整生命周期的植物，从种子发芽到开花、结实，直至死亡，整个生命周期通常在一年内完成。

裸根苗（Bare-root）

苗圃栽培的一种植物形态，出售时不含土壤或栽培容器。通常在冬季出售，此时植株处于休眠状态。

芽接（Budding）

见嫁接。

容器苗（盆栽苗，Containerized）

苗圃栽培的植物，栽植在栽培容器中出售，并配有栽培基质。

异花传粉（Cross-pollination）

一株植物雄蕊的花粉传递至另一株植物花朵的柱头上，经受精后形成种子，最终可产生杂交品种。

插穗（Cutting）

将植物体的一部分切除，并用于繁殖（见第228页）。

去除残花（Dead-head）

为了促进植物进一步生长或开花，或为了改善植物的整体外观，去除开败的花和花枝。

重瓣花（Double flower）

一种至少有30枚花瓣的花形，且无雄蕊或雄蕊几乎不可见（至少在初开时）。

千重瓣花（完全重瓣花，Fully double flower）

一种至少有60枚花瓣的花形，通常花朵呈莲座状，并且没有雄蕊或雄蕊不明显，甚至当花朵完全打开后也是如此。

嫁接（Grafting）

商业种植者及生产者经常使用的一种繁殖技术。通过在两种植物之间进行人工接合，将所需植物的芽嫁接到另一种植物的根或茎上，促其苗壮成长并能快速生产出大型植物（见第228页）。

耐寒性（Hardiness）

植物对寒冷环境的适应性及抵抗力。不同国家所使用的耐寒性评级系统不同。例如，美国主要以美国农业部的USDA耐寒区划分系统作为植物耐寒性的评级标准，英国皇家园艺学会（RHS）则使用"H"值作为植物耐寒性的评级标准。

耐寒（Hardy）

能够全年适应户外条件的植物，包括低于冰点的温度，无须额外的冬季防护。

蔷薇果（Hips）

蔷薇属植物的果实类型，内含种子。通常在秋季成熟，颜色鲜艳的果实可以给年末的花园增添亮点，也是鸟类的重要食物来源。

压条繁殖（Layering）

一种繁殖方式，通过将枝条压在土壤中，诱使其生根，同时仍与母株相连（见第228页）。

覆盖（Mulch）

在土壤表面覆盖一层有机物，如粪便、堆肥或木屑，有助于保持水分，抑制杂草，保护和滋养土壤。

氮磷钾（NPK）

植物肥料的主要营养成分，通常以比例表示（如5∶5∶10）。

多年生植物（Perennial）

一种至少能存活3个生长季的植物。又称宿根植物，在每个生长季节结束时，地上部分会枯萎。

pH

土壤或基质的酸碱度，数值介于1—14，可通过相应的试剂进行测量（见第208页）。栽培月季要求土壤接近中性（pH为7），通常在6—7.5之间均可。

复壮（Rejuvenate）

将所有的茎重剪至接近地面的位置，以刺激新芽从基部生长。通常用于对多年未进行适当修剪的月季进行修剪。

根团（Root ball）

将植物从容器中取出时可见的根系和附带的土壤或基质。

砧木（Rootstock）

用于为嫁接（芽接）植物提供根系的植物。

半重瓣花（Semi-double flower）

一种花瓣多于单瓣花的花形（通常为8—14枚）。

单瓣花（Single flower）

一种仅有一层花瓣的花形，通常有5—7枚花瓣，某些种类可能只有4枚花瓣。

野生种蔷薇（Species rose）

不是由人工选育而是自然形成的蔷薇类群，也被称为野生蔷薇（见第64页）。

标准植株（园景灌木，Specimen）

株形标致且醒目的植物，既可以单独观赏，也可作为大型展览的核心景观。

树状月季（Standard）

嫁接在砧木上的灌木月季，嫁接处下方有一段长而粗壮的砧木主干，呈树状，可提升植株的整体高度。

根蘖（Sucker）

从地面以下的根部直接长出的不定芽。嫁接（芽接）的月季有时会从砧木上产生根蘖，需要将其去除（见第241页）。

牵引（Training）

通过规划及固定植物的枝条来引导其生长方向的方法，以促进植株开出更多的花朵，以及形成更好的覆盖效果。

不耐寒植物（Tender）

对霜冻敏感的植物。

补充资料

组织和资源

如果你想了解更多关于特定月季品种的信息，可联系当地的月季协会，或者你想参与蔷薇属植物的保护活动，可以参考以下组织和资源。

美国月季学会（American Rose Society）
www.rose.org

加拿大月季学会（Canadian Rose Society）
www.canadianrosesociety.org

英国皇家园艺学会（Royal Horticultural Society）
www.rhs.org.uk

月季品种综合名录：国际月季名录（每年更新一次）（Combined Rose List）
www.combinedroselist.com

Help Me Find月季数据资源库
www.helpmefind.com/rose/plants

遗产月季学会（Heritage Rose Society）
www.heritagerosefoundation.org

英国历史玫瑰小组（Historic Roses Group）
www.historicroses.org

世界月季联合会（World Federation of Rose Societies）
www.worldrose.org

推荐阅读

Book of Perennials, Claire Austin (White Hopton Publications, 2020)

The English Roses, David Austin (ACC Art Books, 2021)

The English Roses, David Austin (Conran Octopus 2017)

The Rose, David Austin (Garden Art Press, 2013)

Tea Roses, Lynn Chapman, Et al. (Rosenberg Publishing, 2008)

Rosor för nordiska trädgårdar, Lars–Åke Gustavsson (Natur och Kultur 1999)

Compendium of Rose Diseases, R. Kenneth Horst (American Phytopathological Society, 2007)

Rosa: The Story of the Rose, Peter Kukielski with Charles Philips (Yale University Press, 2021)

Roses Without Chemicals, Peter Kukielski (Timber Press, 2015)

The Gardener's Book of Colour, Andrew Lawson (Pimpernel Press, 2015)

By Any Other Name: A Cultural History of the Rose, Simon Morley (Oneworld, 2021)

The Ultimate Guide to Roses,
Roger Phillips and Martyn Rix
(Macmillan, 2004)

The Rose, Jennifer Potter
(Atlantic Books, 2011)

RHS Encyclopaedia of Roses,
Charles Quest-Ritson and Brigid
Quest-Ritson (DK, 2008)

The Rose Doctor, Gary Ritchie (2019)

Encyclopedia of Rose Science,
Dr. Andrew Roberts

The English Flower Garden, William
Robinson (Bloomsbury, 1998)

The History of the Rose in Denmark,
Torben Thim (Centifolia, 2018)

The Graham Stuart Thomas Rose Book
(John Murray, 1994)

Everyday Roses, Paul Zimmerman
(Taunton Press, 2013)

Roses in Bermuda, Bermuda Rose
Society Book Committee (2013)

USDA耐寒区划分系统

耐寒性是评估植物地域适应性的一个重要指标。本书中月季玫瑰的耐寒性数据参照的是美国农业部发布的USDA耐寒区划分系统，该系统根据长期的年均极端最低气温定义和划分了13个耐寒性分区，分区的数值越小，代表耐寒性越强。此外，每个大的分区又可细分为A、B两个小的分区。具体如下表：

耐寒性分区		温度范围	
1	A	−51.1 ℃	−48.3 ℃
	B	−48.3 ℃	−45.6 ℃
2	A	−45.6 ℃	−42.8 ℃
	B	−42.8 ℃	−40 ℃
3	A	−40 ℃	−37.2 ℃
	B	−37.2 ℃	−34.4 ℃
4	A	−34.4 ℃	−31.7 ℃
	B	−31.7 ℃	−28.9 ℃
5	A	−28.9 ℃	−26.1 ℃
	B	−26.1 ℃	−23.3 ℃
6	A	−23.3 ℃	−20.6 ℃
	B	−20.6 ℃	−17.8 ℃
7	A	−17.8 ℃	−15 ℃
	B	−15 ℃	−12.2 ℃
8	A	−12.2 ℃	−9.4 ℃
	B	−9.4 ℃	−6.7 ℃
9	A	−6.7 ℃	−3.9 ℃
	B	−3.9 ℃	−1.1 ℃
10	A	−1.1 ℃	1.7 ℃
	B	1.7 ℃	4.4 ℃
11	A	4.4 ℃	7.2 ℃
	B	7.2 ℃	10 ℃
12	A	10 ℃	12.8 ℃
	B	12.8 ℃	15.6 ℃
13	A	15.6 ℃	18.3 ℃
	B	> 18.3 ℃	

索引

斜体数字表示插图所在页码

251

致　谢

作者致谢

首先我想感谢克里斯·杨（Chris Young）对我编写本书的建议，以及我的妻子罗茜·欧文（Rosie Irving），尽管我当初对本书的编写犹豫不决，但她成功说服了我，在此感谢她对我一直以来的鼓励和支持。

感谢DK出版社团队精良的排版与制作，他们把本书的内容如此完美地呈现出来。团队成员包括露丝·欧洛克（Ruth O'Rourke）、艾米·斯拉克（Amy Slack）、简·伯塞尔（Jane Birdsell）、艾米莉·赫吉斯（Emily Hedges）、维姬·里德（Vicky Read）和格伦达·费舍尔（Glenda Fisher）。

我非常感谢已故的大卫·奥斯汀（David Austin），他是我进入月季世界的指路人，尽管当时我水平有限，但他仍旧让我担任苗圃经理一职。

在我步入月季世界的这一路上，还有许多人需要感谢，我曾有幸与他们讨论月季类型的多样性，其中包括大卫·奥斯汀玫瑰公司的理查德·斯塔布斯（Richard Stubbs）和斯蒂芬·帕纳姆（Stephen Parnham）、科德斯月季公司的托马斯·普罗尔（Thomas Proll）、英国月季学会主席约翰·安东尼（John Anthony）、查尔斯和布里吉德·奎斯特－里森夫妇（Charles and Brigid Quest-Ritson），以及保罗·齐默尔曼玫瑰公司的保罗·齐默尔曼（Paul Zimmerman）。

作者简介

迈克尔·马里奥特（Michael Marriott）从小就是一位狂热的园艺爱好者，他在20世纪80年代中期进入大卫·奥斯汀玫瑰公司，自那时起他开始沉浸于月季的世界中。作为大卫·奥斯汀玫瑰公司不可或缺的一员，他为英国月季的普及做出了巨大贡献。他对研究月季品种的多样性充满热情。

迈克尔在世界各地设计了数以千计、或大或小的月季园和花境，包括英国皇家植物园（邱园）、摄政公园的玛丽女王玫瑰花园、汉普顿宫、温亚德庄园、特林塔姆花园、日本大阪附近的大卫·奥斯汀玫瑰园等。

迈克尔还在世界各地进行与月季有关的演讲、参观花园花展、举办研讨会，并为杂志撰稿。2020年，他参与了《大卫·奥斯汀的英国玫瑰》（David Austin's English Roses, ACC Art Books）一书的修订。

在家庭园艺方面，迈克尔和他的妻子始终贯彻有机栽培的原则，他热衷于将有机园艺的理念传递给所有种植月季的人。

图片出处

DK出版社感谢以下人士和机构同意转载他们的照片。

（缩略词说明：a为上、b为下、c为中、f为远、l为左、r为右、t为顶）

2—3 Clive Nichols: Wynyard Hall, County Durham. 9 Bridgeman Images. 10 Bridgeman Images: © Fitzwilliam Museum). 13 Alamy Stock Photo: Artepics. 15 Bridgeman Images: by courtesy of Julian Hartnoll. 19 Howard Rice: The David Austin Rose Gardens, Shropshire, UK. 20—21 Clive Nichols: Glyndebourne, East Sussex. The Mary Christie Rose Garden. 22 Howard Rice: Hatton Grange, Shropshire, UK. 25 Clive Nichols: André Eve Garden, France. 26 Yokohama English Garden: Y. Sakurano. 28 Clive Nichols: Manor Farm, Cheshire. 30 Marianne Majerus. 31 Howard Rice. 32 Clive Nichols. 34 © Andrea Jones/Garden Exposures Photo Library. 35 Jonathan Buckley. 37 © Andrea Jones/Garden Exposures Photo Library. 38—39 Hervé Lenain: Les Jardins de Roquelin. 40 Alamy Stock Photo: Michael Wheatley Photography. 41 Marianne Majerus: Design: Rupert Wheeler and Paul Gazerwitz. 43 Yokohama English Garden: Y. Sakurano. 44 Carolyn Parker. 46 © Andrea Jones/Garden Exposures Photo Library. 47 Clive Nichols: Ellicar Gardens, near Doncaster. 50 © Andrea Jones/Garden Exposures Photo Library. 51 Rachel Warne: Design Jo Thompson. 53 Howard Rice. 54—55 Clive Nichols: Rockcliffe Garden, Gloucestershire. 57 Alamy Stock Photo: Lioneska. 58 © Andrea Jones/Garden Exposures Photo Library. 59 GAP Photos. 62 bl GAP Photos: Howard Rice / Cambridge University Botanic Gardens; bc GAP Photos: Jonathan Buckley; br GAP Photos: Nova Photo Graphik. 63 Clive Nichols: Mottisfont Abbey, Hampshire. 64 bl GAP Photos: Michael Howes. 64 cl GAP Photos: Ian Thwaites. 65 Howard Rice. 66 GAP Photos: Carole Drake / Garden: Westbrook House, Somerset; Owners and Designers: Keith Anderson and David Mendel. 67 GAP Photos: Nicola Stocken. 68 GAP Photos: Jonathan Buckley. 69 GAP Photos: Keith Burdett. 70 cl GAP Photos: Howard Rice, b GAP Photos. 71 Jonathan Buckley. 72 Howard Rice. 73 Marianne Majerus: Design Rachel Bebb. 74 tl GAP Photos: Christina Bollen; cl GAP Photos: Howard Rice. 75 cr GAP Photos: Howard Rice; br GAP Photos: Richard Bloom. 76 David Austin Roses. 77 Marianne Majerus: Design: Acres Wild. 78 Marianne Majerus. 79 GAP Photos: Howard Rice. 80 Marianne Majerus: Rymans, Sussex. 81 GAP Photos: Howard Rice / Location: The Manor House, Stevington. 82 John Glover. 83 Marianne Majerus: Design: Dominick Murphy, Ireland. 84 cl GAP Photos: Howard Rice; bl © Andrea Jones/Garden Exposures Photo Library. 85 © Andrea Jones/Garden Exposures Photo Library. 89 Rachel Warne: Design: Jo Thompson.90 GAP Photos: Evgeniya Vlasova. 91 GAP Photos: Howard Rice. 92 t GAP Photos: FhF Greenmedia; b Alamy Stock Photo: Lindsay Constable. 93 t David Austin Roses; 93 br Bailey Nurseries. 95 tl Bailey Nurseries; bl GAP Photos: Nova Photo Graphik; br GAP Photos:Visions. 96 Howard Rice. 97 t GAP Photos: Howard Rice; b Alamy Stock Photo: Avalon.red / Photos Horticultural. 98 Star® Roses and Plants. 99 t Star® Roses and Plants; b Kordes Roses. 101 tl GAP Photos: Howard Rice / David Austin Roses; tr Clive Nichols: André Eve Rose Nursery, France; bl GAP Photos: J S Sira; br David Austin Roses. 102 Star® Roses and Plants. 103 t GAP Photos: Carole Drake — Garden: Westbrook House, Somerset; Owners and Designers: Keith Anderson and David Mendel; b GAP Photos: Howard Rice. 104 tl Star® Roses and Plants; tr Kordes Roses. 105 tl Marianne Majerus; tc Getty Images / iStock: / schnuddel; tr ©Meilland International. 106—107 Marianne Majerus Garden Images: Design: Acres Wild. 107 br David Austin Roses. 108 GAP Photos: Joanna Kossak / Designer: Claudia de Yong. 109 t Star® Roses and Plants; br GAP Photos: Dave Zubraski. 110 t GAP Photos: Richard Bloom; bl Botanikfoto: / Steffen Hauser. 111 GAP Photos: Rob Whitworth; b GAP Photos: Jonathan Buckley. 112 tl GAP Photos: Doreen Wynja; tc Jackson & Perkins; tr ©Meilland International. 113 tl GAP Photos: Jo Whitworth; tc David Austin Roses; tr GAP Photos: Jenny Lilly. 114 l GAP Photos: Richard Wareham. 114—115 Clive Nichols: Wynyard Hall, County Durham. 115 r Alamy Stock Photo: Matthew Taylor. 117 tl and br Kordes Roses; tr and bl © Andres Jones/Garden Exposures Photo Library. 118 GAP Photos: Jonathan Buckley. 119 GAP Photos: Howard Rice. 120 l Kordes Roses; r GAP Photos: Doreen Wynja. 121 l Kordes Roses; c © Andrea Jones Garden Exposures Photo Library; r Star® Roses and Plants. 122 t Kordes Roses; r David Austin Roses. 123 GAP Photos: Howard Rice. 124 Kordes Roses. 125 t Harkness Roses; b Star® Roses and Plants. 127 tl David Austin Roses; tr, bl and br Kordes Roses. 128 t Kordes Roses; b Weeks Roses; 129 Star® Roses and Plants. 130 l GAP Photos: Howard Rice; r Saxon Holt. 131 Kordes Roses. 133 tl GAP Photos: Julie Dansereau; tr Howard Rice; bl GAP Photos: Jacqui Dracup; br Kordes Roses. 134 l Kordes Roses. 134—135 GAP Photos: Robert Mabic. 135 r GAP Photos: Jonathan Need. 136 Botanikfoto: Hans-Roland Mülle. 137 Shutterstock.com: mcajan. 139 tl GAP Photos: Pernilla Bergdahl; tr GAP Photo: Mark Bolton; bl GAP Photos: Howard Rice; br Alamy Stock Photo: Sharon Talson. 140 t Alamy Stock Photo: Garden Photo World/David C Phillips; b Marianne Majerus. 141 t GAP Photos: Matteo Carassale; b GAP Photos: Zara Napier. 142 tr GAP Photos: Nicola Stocken; b GAP Photos: Howard Rice. 143 t GAP Photos: Jonathan Buckley; b Howard Rice. 144 tl Weeks Roses; tc GAP Photos: Ellen Rooney; tr GAP Photos:John Glover. 145 l GAP Photos: Nicola Stocken; r GAP Photos: Star® Roses and Plants. 146 t GAP Photos: Rob Whitworth, b Marianne Majerus Garden Images: Design: Acres Wild. 147 t GAP Photos: Martin Hughes-Jones; b GAP Photos: Annie Green-Armytage. 148—149 Marianne Majerus Garden Images: Design: Acres Wild. : Sabina Ruber. 151 tl Alamy Stock Photo: Imagebroker; tr GAP Photos: Doreen Wynja; bl GAP Photos: Howard Rice; 151 br Shutterstock.com: Sergey V Kalyakin. 152 GAP Photos: Howard Rice. 153 t GAP Photos: Lynn Keddie; b Alamy Stock Photo: Sergey Kalyakin. 154 l Harkness Roses; r GAP Photos: Doreen Wynja. 155 tl Dreamstime.com: André Muller; tc Kordes Roses; tr Star® Roses and Plants. 156—157 GAP Photos: Jonathan Buckley / David Austin Roses. 157 r David Austin Roses; 158 t Lens Roses; b Stephen Parnham. 159 GAP Photos: Howard Rice. 160 t Marianne Majerus; b Botanikfoto: Hans Roland Mülle 161 t Week Roses; b GAP Photos: Martin Hughes-Jones. 162 t Michael Marriott; b GAP Photos: Jonathan Buckley. 163 © Andrea Jones Garden Exposures Photo Library. 164 Kordes Roses. 165 GAP Photos: Howard Rice / Wynyard Hall Rose Garden, Stockton-on-Tees. 166 l Star® Roses and Plants; c Heirloom Roses; r GAP Photos: Nova Photo Graphik. 167 l Alamy Stock Photo: P Tomlins; c Jason Ingram; r GAP Photos: Howard Rice. 168 Shutterstock.com: Clickmanis. 168—169 Howard Rice. 170 GAP Photos: Martin Hughes-Jones. 171 t GAP Photos: Maddie Thornhill; b GAP Photos: Nicola Stocken. 172 bl ©Meilland International. 172—173 Marianne Majerus. 174 l GAP Photos: Dave Zubraski; r Alamy Stock Photo: Jane Tregelles. 175 l Alamy Stock Photo: Organica; c Alamy Stock Photo: Matteo Omied; r GAP Photos: Nova Photo Graphik. 176 t GAP Photos: Benedikt Dittli; b GAP Photos: John Glover. 177 Saxon Holt. 178 l The Bermuda Rose Society. 178—179 Howard Rice. 179 br Himeno Rose Nursery. 181 tl GAP Photos: Maxine Adcock; tr Malcolm Manners; bl and br Antique Rose Emporium. 182 t GAP Photos: Howard Rice; b Kordes Roses. 183 t GAP Photos: Howard Rice; b Alamy Stock Photo. 184—185 Marianne Majerus: Design: Acres Wild. 185 r Saxon Holt. 186 t GAP Photos: FhF Greenmedia; b Carolyn Parker. 187 t Marianne Majerus; b Paul Zimmerman. 188 GAP Photos: Nicola Stocken. 189 David Austin Roses. 190 t GAP Photos: Heather Edwards; b David Austin. 191 t GAP Photos: Christa Brand; b GAP Photos: Jerry Pavia. 193 tl GAP Photos: Visions; tr and br GAP Photos: Ron Evans; bl GAP Photos:Tim Gainey. 194 t GAP Photos: Leigh Clapp; b GAP Photos: Pernilla Bergdahl. 195 t GAP Photos: Nova Photo Graphik; b GAP Photos: Howard Rice. 196 l and c GAP Photos: Howard Rice; r GAP Photos: Michael Howes. 197 l, c and r GAP Photos: Nova Photo Graphik. 198 GAP Photos: Carole Drake — Garden: Westbrook House, Somerset; Owners and Designers: Keith Anderson and David Mendel. 199 t GAP Photos: Ernie Janes; b GAP Photos: Martin Hughes-Jones. 200 l Star® Roses and Plants. 200—201 Jonathan Buckley. 201 r Shutterstock.com: InfoFlowersPlants. 202 tl GAP Photos; tc Kordes Roses; b GAP Photos: Howard Rice. 203 tl GAP Photos: Tommy Tonsberg; tc GAP Photos: Martin Hughes—Jones; tr GAP Photos: Nicola Stocken. 204 t GAP Photos: Visions; br GAP Photos: Nova Photo Graphik. 205 t Kordes Roses; b Star® Roses and Plants. 207 tl GAP Photos: Lynn Keddie; tr Star® Roses and Plants; bl Kordes Roses; br Howard Rice. 208 © Pépinières et Roseraies Georges Delbard. 209 t © Meilland International; b GAP Photos: Howard Rice. 210 tl Jason Ingram; tr David Austin Roses. 211 l and c Shutterstock.com: Sergey V Kalyakin; r GAP Photos: Jenny Lilly. 212—213 Marianne Majerus. 213 r GAP Photos. 214 GAP Photos: Howard Rice / David Austin Rose Gardens, Shropshire. 215 t Jonathan Buckley / David Austin Roses; b GAP Photos: Howard Rice. 216 tl GAP Photos: Annie Green-Armytage; tr GAP Photos: Howard Rice. 217 bl Alamy Stock Photo: Imagebroker; br Himeno Rose Nursery. 218 t GAP Photos: Rob Whitworth; b GAP Photos: Howard Rice. 219 GAP Photos: Paul Debois. 242 Professor Stefan Buczacki: crb, cra. Minden Pictures: Nigel Cattlin tr. naturepl.com: Nigel Cattlin br. 243 Professor Stefan Buczacki: bl. Kordes Roses: tl. Star Roses: clb. 244 Professor Stefan Buczacki: Geoff Kidd crb. Getty Images / iStock: Natalya Vilman br. Kordes Roses: cra, tr. 245 Kordes Roses: tl. naturepl.com: Nigel Cattlin cla. Howard Rice: bl, cl.

封面图片：GAP Photos: Joanna Kossak / 设计：Claudia de Yong
封底图片：Howard Rice
所有其他图片 © Dorling Kindersley

译后记

月季是中国的传统名花，也是风靡世界的"花中皇后"。毫不夸张地说，没有任何一种观赏植物的文化地位和丰富程度能与之相媲美。

得益于蔷薇属植物丰富多样的遗传背景，以及一代代育种人的不懈努力，如今现代月季的品种数已达数万之多，而且每年都有众多品种推陈出新。随着我国家庭园艺产业的蓬勃发展，众多国内外的新优月季品种竞相绽放在各地的花园和阳台。究竟哪个品种是最好的？恐怕每个人的答案都不尽相同。评价月季的常用标准有株形、花形、花色、花香、开花性、抗病性、耐寒性等。每个品种都有各自的特点、适宜的生长条件和应用场所，而每个人的审美也不同，所以很难说哪个品种是最美、最优秀或最通用的。中国幅员辽阔，各地气候差异显著，但多数地区夏季湿热且漫长，这一点对月季生长很不友好；加上国内多数人的养花条件囿于阳台，这样相对封闭的环境容易滋生病虫害，所以如何应对病虫害也是月季养护的一大难题。许多人因为月季的美貌而"入坑"，也因月季难伺候而"退坑"。"始于颜值"是新手挑选月季品种的一大误区，因为水土不服的"病玫瑰"很快就会被淘汰，只有真正适合自己条件的、生长健壮的品种才能笑傲花丛中。当然，你得经过一些试错才能找到这样的品种。

作为一名月季发烧友，我很荣幸应邀翻译本书。翻译的过程其实也是一种学习，不仅让我巩固了关于月季各方面的许多知识，更加深了我对有机园艺、因地制宜等种植理念的理解和认识。书中提到的"适合吸引野生动物的品种""伴侣植物""适合观叶、观果、观刺的品种""预防胜于治疗"等知识点都很有启发性和参考性。当然，本书的内容和特色不只是这些，你可以把它当作一部关于月季的知识小百科、品种图鉴、种植指南，甚至是精美的装饰品或馈赠礼品，具体取决于你想如何使用它。

虽然本书是我的首部园艺图书译作，但我凭借对月季等观赏植物的了解和认知，力求以既专业准确又通俗易懂的文字将本书的内容呈现给大家。译文中对一些知识点、物种和品种名进行了规范和勘误（参考《中国植物志》《中国月季》等相关著作和资料），还添加了一些便于读者阅读和使用的注释和补充资料。不过，因本人水平和时间有限，译文中难免有错误和不当之处，真诚欢迎广大读者朋友和月季爱好者批评指正，提出宝贵意见！

潘祺

2023年6月

于中国农业大学园艺学院

译者简介

潘祺，植物&气候天象爱好者，中国农业大学观赏园艺专业硕士毕业，PPBC中国植物图像库VIP签约认证摄影师。自幼热爱植物，对观赏植物的识别和鉴定有深入了解，尤其对月季、玫瑰、蔷薇等蔷薇属植物的品种分类与历史发展有独到见解，曾在原《中国花卉盆景》（现更名为《环境生态学》）杂志刊文数篇。联系邮箱：pan_rosa_ecmwfgfs@163.com，新浪微博：@阿潘大神，B站：阿潘大神gfs。